化学工业出版社"十四五"普通高等教育规划教材·食品类

食品安全典型案例解析

吴 澎 主编

化学工业出版社

·北京·

内容简介

《食品安全典型案例解析》从生物性污染、农用化学品污染、食品天然有毒物质、重金属污染、非法添加、假冒伪劣、食品接触材料及新型食品安全8个方面梳理总结了国内外经典食品安全案例。通过案例概述，在对食品安全标准与检测技术、食品产业链安全与管理、食品安全可追溯体系、风险预警与监控、法律法规与标准等方面的专业知识进行介绍的基础上，总结案例启示，解析专业知识，让学生了解食品安全的新知识、新动态，并以思考题的模式开拓学生思路，培养学生科学理性分析的思维方式和解决专业问题的能力。

《食品安全典型案例解析》适合作为高等学校食品科学与工程、食品质量与安全、食品营养与健康专业师生的教材，也可作为食品监管及食品企业相关人员的参考书。

图书在版编目（CIP）数据

食品安全典型案例解析/吴澎主编．—北京：化学工业出版社，2023.2（2024.7重印）

化学工业出版社"十四五"普通高等教育规划教材．食品类

ISBN 978-7-122-42719-9

Ⅰ.①食⋯ Ⅱ.①吴⋯ Ⅲ.①食品安全-案例-高等学校-教材 Ⅳ.①TS201.6

中国国家版本馆CIP数据核字（2023）第002872号

责任编辑：尤彩霞　　　　　　　　　　文字编辑：朱雪蕊　陈小滔
责任校对：王　静　　　　　　　　　　装帧设计：韩　飞

出版发行：化学工业出版社（北京市东城区青年湖南街13号　邮政编码100011）
印　　刷：三河市航远印刷有限公司
装　　订：三河市宇新装订厂
787mm×1092mm　1/16　印张8¾　字数206千字　2024年7月北京第1版第2次印刷

购书咨询：010-64518888　　　　　售后服务：010-64518899
网　　址：http://www.cip.com.cn
凡购买本书，如有缺损质量问题，本社销售中心负责调换。

定　　价：40.00元　　　　　　　　　　　　　　　　　　　　版权所有　违者必究

《食品安全典型案例解析》
编写人员名单

主　　编　吴　澎

副 主 编　蓝蔚青　董鹏程　屠大伟　王文亮

参编人员（按姓氏拼音排序）

　　　　　　崔婷婷［齐鲁工业大学（山东省科学院）］
　　　　　　高　鹏（山东农业大学）
　　　　　　贾　敏（山东师范大学）
　　　　　　李　跑（湖南农业大学）
　　　　　　刘亚平（山西农业大学）
　　　　　　彭　强（西北农林科技大学）
　　　　　　宋　超（山东腾达文化餐饮管理有限公司）
　　　　　　孙茂成（长春大学）
　　　　　　田晓静（西北民族大学）
　　　　　　汪　薇（湖北省食品质量安全监督检验研究院）
　　　　　　王海清（山东金膳林餐饮管理有限公司）
　　　　　　王丽玲（塔里木大学）
　　　　　　相启森（郑州轻工业大学）
　　　　　　徐　康（山东农业大学）
　　　　　　杨凌宸（湖南农业大学）
　　　　　　张　慧（山东农业大学）
　　　　　　张　剑（山东省农业科学院）
　　　　　　张民伟（新疆大学）
　　　　　　赵祥杰（淮阴工学院）

前　言

近年来国内外发生的食品安全事件具有新的特点，如涉及新科技、出现新的食品安全影响因子等，因此当前国内急需突出新颖性、前瞻性和方向性的专业教材。案例教学是当代高等学校教育中一种重要的教学方法，不仅能够促进学生的知识、经验积累，还能够引导学生提高综合分析及解决问题的能力。"食品安全典型案例解析"为高等学校食品质量与安全专业的必修课，是针对应用型、实践型、复合型、高层次专门人才培养而设置的专业课，许多高校农业专业硕士研究生食品专业也将此课程设置为必修课或选修课。

为了落实国家人才创新发展的战略，突出高校本科生和专业学位研究生培养的特色，提升研究生的创新能力，培养符合食品产业发展所需的高层次应用型人才。我们组织包括山东农业大学、湖南农业大学、山西农业大学、西北农林科技大学、上海海洋大学、新疆大学、山东师范大学、西北民族大学、长春大学、郑州轻工业大学、重庆工商大学、塔里木大学、淮阴工学院、山东省农业科学院、齐鲁工业大学（山东省科学院）、湖北省食品质量安全监督检验研究院、山东金膳林餐饮管理有限公司及山东腾达文化餐饮管理有限公司在内的十多家高校的一线教师及餐饮单位的监督管理人员编写了这本《食品安全典型案例解析》。

本书由山东农业大学吴澎担任主编，上海海洋大学蓝蔚青、山东农业大学董鹏程、重庆工商大学屠大伟、山东省农业科学院王文亮担任副主编。编写分工如下：第1章和第2章由山东农业大学董鹏程、郑州轻工业大学相启森、淮阴工学院赵祥杰、湖南农业大学杨凌宸、长春大学孙茂成、山东腾达文化餐饮管理有限公司宋超、山东省农业科学院张剑编写；第3章和第4章由上海海洋大学蓝蔚青、新疆大学张民伟、齐鲁工业大学（山东省科学院）崔婷婷、西北农林科技大学彭强、湖南农业大学李跑、山东金膳林餐饮管理有限公司王海清编写；第5章和第6章由重庆工商大学屠大伟、湖北省食品质量安全监督检验研究院汪薇、山东农业大学张慧、山东农业大学徐康、山东农业大学高鹏编写；第7章和第8章由山东省农业科学院王文亮、山东省农业科学院张剑、山西农业大学刘亚平、山东师范大学贾敏、塔里木大学王丽玲、西北民族大学田晓静编写。全书由吴澎统稿。

本书重点解析国内外经典食品安全案例，每章均设置学习目标、学习重点，通过案例概述，在对食品安全标准与检测技术、食品产业链安全与管理、食品安全可追溯体系、风险预警与监控、法律法规与标准等方面的专业知识进行介绍的基础上，总结案例启示，稳固专业知识，让学生能了解到食品安全的新知识、新动态。再以思考题的模式开拓学生思路，培养其科学理性分析的思维方式和解决专业问题的能力。编委均有较丰富的主编教材、讲授课程及分析处理食品安全案例的经验，其中山东金膳林餐饮管理有限公司和山东腾达文化餐饮管理有限公司是山东省团餐龙头企业，有丰富的食品安全管理经验，因此本书体现出了理论联系实际的特点，符合应用型人才的教学需求。

尽管编者在本书的撰写过程中尽心尽力，书中依然难免挂一漏万，有不当之处，敬请同行不吝指正，以使本书趋于完善。

编者
2022 年 10 月

目 录

第1章 生物性污染引发的食品安全案例 — 1

1.1 细菌污染 — 1
1.1.1 沙门菌引发的食品安全案例 — 1
1.1.2 致泻性大肠埃希菌引发的食品安全案例 — 3
1.1.3 弧菌引发的食品安全案例 — 6
1.1.4 单核细胞增生李斯特菌引发的食品安全案例 — 7

1.2 真菌污染 — 9
1.2.1 黄曲霉毒素引发的食品安全案例 — 9
1.2.2 禾谷镰刀菌引发的食品安全案例 — 10

1.3 病毒污染 — 12
1.3.1 朊病毒引发的食品安全案例 — 12
1.3.2 禽流感病毒引发的食品安全案例 — 13
1.3.3 甲型肝炎病毒引发的食品安全案例 — 15

1.4 寄生虫污染 — 17
1.4.1 广州管圆线虫引发的食品安全案例 — 17
1.4.2 旋毛虫引发的食品安全案例 — 18
1.4.3 肺吸虫引发的食品安全案例 — 19

参考文献 — 20

第2章 农用化学品污染引发的食品安全案例 — 24

2.1 农药污染 — 24
2.1.1 有机磷农药引发的食品安全案例 — 24
2.1.2 有机磷除草剂残留引发的食品安全案例 — 26
2.1.3 扑草净除草剂引发的食品安全案例 — 28
2.1.4 乙草胺除草剂引发的食品安全案例 — 29

2.2 兽药残留 — 30
2.2.1 兽药镇静剂残留引发的食品安全案例 — 30
2.2.2 硝基呋喃类药物残留引发的食品安全案例 — 32
2.2.3 抗生素类药物残留引发的其他食品安全案例 — 34

参考文献 ·········· 37

第3章 食品天然有毒物质引发的食品安全案例 40

3.1 植物源天然有毒物质引发的食品安全案例 ·········· 40
3.1.1 木薯引发的食品安全案例 ·········· 40
3.1.2 巴豆引发的食品安全案例 ·········· 41
3.1.3 龙葵素引发的食品安全案例 ·········· 42
3.2 动物源天然有毒物质引发的食品安全案例 ·········· 44
3.2.1 贝类毒素引发的食品安全案例 ·········· 44
3.2.2 雪卡毒素引发的食品安全案例 ·········· 45
3.2.3 鱼胆中毒引发的食品安全案例 ·········· 47
3.2.4 河鲀毒素引发的食品安全案例 ·········· 48
3.3 蕈类中毒引发的食品安全案例 ·········· 49
3.3.1 案例概述 ·········· 49
3.3.2 毒蕈类的致病性及其危害 ·········· 49
3.3.3 蕈类中毒的预防控制措施 ·········· 51
3.3.4 案例启示 ·········· 51
参考文献 ·········· 51

第4章 重金属污染引发的食品安全案例 54

4.1 汞污染引发的食品安全案例 ·········· 54
4.1.1 案例概述 ·········· 54
4.1.2 汞污染的致病性及其危害 ·········· 55
4.1.3 引发汞污染的主要食品类别 ·········· 56
4.1.4 汞污染的预防控制措施 ·········· 56
4.1.5 案例启示 ·········· 58
4.2 镉污染引发的食品安全案例 ·········· 59
4.2.1 案例概述 ·········· 59
4.2.2 镉污染的致病性及其危害 ·········· 59
4.2.3 镉污染的预防控制措施 ·········· 60
4.2.4 案例启示 ·········· 61
4.3 铅污染引发的食品安全案例 ·········· 62
4.3.1 案例概述 ·········· 62
4.3.2 铅污染的致病性及其危害 ·········· 62
4.3.3 引发铅污染的主要食品类别 ·········· 63
4.3.4 铅污染的预防控制措施 ·········· 64
4.3.5 案例启示 ·········· 66

- 4.4 砷污染引发的食品安全案例 …………………………………… 66
  - 4.4.1 案例概述 ………………………………………………… 66
  - 4.4.2 砷污染的致病性及其危害 ……………………………… 66
  - 4.4.3 引发砷污染的主要食品类别 …………………………… 67
  - 4.4.4 砷污染的预防控制措施 ………………………………… 68
  - 4.4.5 案例启示 ………………………………………………… 68
- 参考文献 …………………………………………………………… 68

第5章 非法添加引发的食品安全案例 …………………………… 72

- 5.1 非法添加苏丹红引发的食品安全案例 …………………………… 72
  - 5.1.1 案例概述 ………………………………………………… 72
  - 5.1.2 苏丹红的致病性及其危害 ……………………………… 72
  - 5.1.3 非法添加苏丹红的主要食品类别 ……………………… 73
  - 5.1.4 非法添加苏丹红的预防控制措施 ……………………… 73
  - 5.1.5 案例启示 ………………………………………………… 74
- 5.2 非法添加三聚氰胺引发的食品安全案例 ………………………… 74
  - 5.2.1 案例概述 ………………………………………………… 74
  - 5.2.2 三聚氰胺的致病性及其危害 …………………………… 75
  - 5.2.3 非法添加三聚氰胺的主要食品类别 …………………… 75
  - 5.2.4 非法添加三聚氰胺的预防控制措施 …………………… 75
  - 5.2.5 案例启示 ………………………………………………… 76
- 5.3 非法添加吊白块引发的食品安全案例 …………………………… 76
  - 5.3.1 案例概述 ………………………………………………… 76
  - 5.3.2 吊白块的致病性及其危害 ……………………………… 77
  - 5.3.3 非法添加吊白块的主要食品类别 ……………………… 78
  - 5.3.4 非法添加吊白块的预防控制措施 ……………………… 78
  - 5.3.5 案例启示 ………………………………………………… 78
- 5.4 非法添加二氧化硫引发的食品安全案例 ………………………… 79
  - 5.4.1 案例概述 ………………………………………………… 79
  - 5.4.2 二氧化硫的致病性及其危害 …………………………… 79
  - 5.4.3 非法添加二氧化硫的主要食品类别 …………………… 79
  - 5.4.4 非法添加二氧化硫的预防控制措施 …………………… 80
  - 5.4.5 案例启示 ………………………………………………… 81
- 5.5 其他非法添加物引发的食品安全案例 …………………………… 81
  - 5.5.1 非法添加瘦肉精引发的食品安全案例 ………………… 81
  - 5.5.2 非法添加孔雀石绿引发的食品安全案例 ……………… 82
  - 5.5.3 非法添加硼砂引发的食品安全案例 …………………… 84
  - 5.5.4 非法添加敌敌畏引发的食品安全案例 ………………… 86

参考文献 ·········· 88

第6章　假冒伪劣相关食品安全案例 90

6.1　酒类假冒伪劣案例及分析 90
6.1.1　白酒假冒伪劣案例及分析 90
6.1.2　白酒中添加敌敌畏案例及分析 91
6.1.3　葡萄酒造假案例及分析 92
6.2　五常大米造假案例及分析 93
6.2.1　案例概述 93
6.2.2　大米中添加香精的致病性及其危害 93
6.2.3　大米中添加香精的预防措施 94
6.2.4　案例启示 94
6.3　火锅底料假冒伪劣案例及分析 95
6.3.1　火锅底料中非法加入石蜡案例及分析 95
6.3.2　火锅底料中加入回收油案例及分析 96
6.3.3　火锅底料中非法添加罂粟壳案例及分析 97
6.3.4　案例启示 97

参考文献 98

第7章　食品接触材料引发的食品安全案例 100

7.1　纸类 100
7.1.1　案例概述 100
7.1.2　纸类食品接触材料中有害物质来源及危害 101
7.1.3　纸类食品接触材料中有害物质预防控制措施 102
7.1.4　案例启示 103
7.2　塑料类 103
7.2.1　案例概述 103
7.2.2　塑料类食品接触材料中有害物质来源及危害 104
7.2.3　塑料类食品接触材料中有害物质预防控制措施 105
7.2.4　案例启示 106
7.3　橡胶类 107
7.3.1　案例概述 107
7.3.2　橡胶类食品接触材料中有害物质来源及危害 107
7.3.3　橡胶类食品接触材料中有害物质预防控制措施 108
7.3.4　案例启示 109
7.4　玻璃类 109
7.4.1　案例概述 109

7.4.2　玻璃类食品接触材料中有害物质来源及危害 …… 109
　　7.4.3　玻璃类食品接触材料中有害物质预防控制措施 …… 110
　　7.4.4　案例启示 …… 111
　7.5　其他食品接触材料 …… 111
　　7.5.1　餐具中重金属溶出引发的食品安全案例 …… 111
　　7.5.2　包装印刷油墨引发的食品安全案例 …… 114
　参考文献 …… 115

第 8 章　新型食品安全案例　119

　8.1　食品成瘾 …… 119
　　8.1.1　案例概述 …… 119
　　8.1.2　导致食物成瘾的原因 …… 120
　　8.1.3　食物成瘾的危害 …… 122
　　8.1.4　食物成瘾的预防控制措施 …… 123
　　8.1.5　案例启示 …… 124
　8.2　网络食品 …… 124
　　8.2.1　一般网络食品引发的食品安全案例 …… 124
　　8.2.2　网络生鲜食品引发的食品安全案例 …… 125
　　8.2.3　网络餐饮服务引发的食品安全案例 …… 126
　参考文献 …… 128

第 1 章

生物性污染引发的食品安全案例

学习目标

1. 了解国内外发生的由生物性污染引发的典型食品安全案例。
2. 掌握不同生物性污染的主要特点、引发危害的原理以及控制措施。

学习重点

1. 国内外发生的生物性污染引发的食品安全案例及产生原因。
2. 生物性污染对食品安全的影响及预防控制措施。

本章导引

食品产业是我们国家的支柱产业、民生产业、朝阳产业，在本课程学习伊始，教师对学生进行针对性的引导，使学生在日常生活中学会关注生物性污染源并剖析其对食品安全的影响，学会预防控制措施，激发学习动力，培养学生食品安全的责任感与使命感。

1.1 细菌污染

1.1.1 沙门菌引发的食品安全案例

1.1.1.1 案例概述

2015—2016 年，美国发生了一起席卷 40 个州，导致 907 名消费者生病或住院的由沙门菌引发的食源性疾病大暴发事件，造成 204 人（占总感染人数的 22%）住院、6 人死亡。美国疾病控制与预防中心（Centers for Disease Control and Prevention，CDC）通过脉冲场凝胶电泳（PFGE）和全基因组测序（WGS）技术，对从病人身上分离出的沙门菌进行 DNA 指纹识别，确定了导致该次疾病集中暴发的主要原因——从墨西哥进口并由美国某企业分销的鲜切黄瓜，产生的原因是消费者直接食用被沙门菌污染的即时鲜切产品。引发该次疾病流行的沙门菌血清型为 *Salmonella* Poona。最终，美国食品药品监督管理局（Food and Drug Administration，FDA）和加利福尼亚公共卫生部（California Department of Public Health，

CDPH）向该生鲜食品公司通报了调查情况，并召回该企业自 2015 年 8 月 1 日至 9 月 3 日期间销售的所有黄瓜。该事件不仅造成了巨大的经济损失，也导致了重大的人员伤亡。

2015 年，美国 CDC 8 月 19 日发布的报告显示，又发生了一起类似的席卷美国 11 个州的沙门菌病暴发事件，造成 65 人患病，而导致这次沙门菌病暴发的元凶是被沙门菌污染的金枪鱼寿司。绝大多数患者都是在吃了超市售卖的被沙门菌污染的生鱼片寿司后被感染，负责加工这批金枪鱼的印尼公司随后召回问题产品，以避免更多的人员遭受感染与财产损失。

欧盟早在 2002 年就颁布了《食品安全白皮书》，但也未能完全杜绝沙门菌病的暴发。2017—2018 年，法国卫生部门通过监测网络发现该国 6 个月以下的幼儿中感染阿贡纳沙门菌株的病例显著增加。随后通过调查确定了法国某集团生产的婴儿配方食品与该事件有关，随着调查的深入，发现至少有 35 例婴儿感染病例与该集团婴儿食品有关，其中 16 名婴儿已住院治疗，但没有死亡报告。对该公司产品进行溯源后，进一步发现除法国本土外，此次沙门菌婴儿食品案已经波及全球 50 多个国家和地区，其中包括世界卫生组织（World Health Organization，WHO）欧洲区域的 16 个成员国和地区，成为欧盟食品安全的巨大丑闻，给企业形象及欧盟食品安全管理造成了恶劣影响。最终，该集团召回了 2017 年 2 月 15 日至 12 月 10 日生产的 600 批次（7000t 以上）有牵连的产品。

1.1.1.2 沙门菌的致病性及其危害

沙门菌是常见的食源性致病微生物之一，是世界范围内危害公共卫生的主要致病菌之一。沙门菌属（*Salmonella* spp.）是一群在形态结构、培养特性、生化特性和抗原构造等方面极为相似的革兰氏阴性杆菌。沙门菌血清型繁多，已确认的沙门菌有 2500 个以上的血清型。沙门菌广泛分布于自然界，对人类和动物健康有极大的危害。由它引起的疾病主要分为两大类：一类是伤寒和副伤寒，另一类是急性肠胃炎。其中，鼠伤寒沙门菌、猪霍乱沙门菌、肠炎沙门菌等是污染畜产品，进而引起人类沙门菌食物中毒的主要致病菌，它们可以引起食物中毒，导致人类胃肠炎、伤寒和副伤寒败血症等病症，重症者甚至死亡。除了可感染人外，还可感染很多动物，包括哺乳类、鸟类、爬行类、鱼类、两栖类及昆虫。人畜感染后可呈无症状带菌状态，也可表现出临床症状。

沙门菌引起的食物中毒属感染型。主要有 5 种类型：胃肠炎型、类伤寒型、败血症型、感冒型和霍乱型。中毒的症状以急性肠胃炎为主，潜伏期一般为 4～48h，前期症状有恶心、头疼、全身乏力和发冷等，主要症状有呕吐、腹泻、腹痛，粪便为黄绿色水样便，有时带脓血和黏液，发热的温度为 38～40℃，重症患者出现打寒战、惊厥、抽搐和昏迷等症状。病程一般为 3～7 天，多数沙门菌病患者不需服药即可自愈，但婴幼儿、老人及体质差的患者应及时就医治疗。

美国食源性疾病主动监测网运用所建立的模型评估认为，美国每年有 140 万非伤寒沙门菌病例，导致 16.8 万人次就诊、1.5 万人次住院和 400 人死亡。同样，在欧盟所有病因明确的食源性暴发案例中，由沙门菌引起的占比较高，根据欧盟食品安全局统计，沙门菌仅在 2017 年就引发了 90000 余次感染，在 2013—2017 年沙门菌始终是欧盟的第二大食源性致病菌，对人类健康影响风险较高，造成的经济损失和社会负担较大。

1.1.1.3　引发沙门菌中毒的主要食品类别

虽然家禽和肉类产品是沙门菌致病的主要传播媒介,但近年来,被沙门菌污染的即食食品引起的食源性疾病也多次发生。以美国为例,2008年4月,美国43个州报告了1442例因生食西红柿和辣椒引起的食源性圣保罗沙门菌感染的确诊病例,导致286人住院治疗、2人死亡。同年9月,因进食被鼠伤寒沙门菌污染的花生酱,引发46个州共714例沙门菌感染,其中9人死亡。2010年5月,因进食被沙门菌污染的鸡蛋再次引发疫情,截至当年9月,美国各地确诊2000多例沙门菌病例,召回问题鸡蛋5亿个,造成巨大的经济损失。2012年7月,因食用被沙门菌污染的金枪鱼导致的食源性感染波及美国28个州,确诊425例,55人住院治疗。为了杀死鱼体内的寄生虫,美国FDA推荐捕捞后的鱼需在 $-31℃$ 冷冻15h以上,但即便在这样的条件下仍然不能杀死沙门菌。因此,用于制作寿司的生鱼被沙门菌污染的风险较高。

1.1.1.4　沙门菌的预防控制措施

沙门菌对热、消毒药及外界环境抵抗力不强。在65℃条件下加热15～20min即可被杀死,100℃下立即死亡。因此,消费者应加强自身安全意识,养成良好卫生习惯,减少沙门菌引起的食品安全隐患:饭前、便后要洗手;不吃生肉或未经彻底煮熟的肉,不生吃鸡蛋,不喝生奶;厨房的砧板要生熟分开,尤其是加工生鲜海产品和生肉类食品后,务必将砧板洗净晾干,以免污染其他食物;生家禽肉、牛肉、猪肉均应视为可能受污染的食物,新鲜肉应该放在干净的塑料袋内,以免渗出血水污染别的食物;对于市场销售的各种即食食品,应尽量购买正规品牌、包装完好的产品,并注意生产日期和保质期,食用前注意是否有变质情况;进食剩菜、剩饭前要彻底加热。

1.1.1.5　案例启示

沙门菌是较为普遍的引发食源性疾病的致病菌,其主要的来源是动物的胃肠道、粪便,传播途径为粪-口途径,农产品生产过程中要加强对整个食品链条的控制,其中原材料和生产加工步骤是易导致污染的关键点。养殖业应遵循良好农业规范(Good Agricultural Practices,GAP),保证原材料安全;生产经营单位应有效运用危害分析关键控制措施,严把产品卫生质量关,防止食品生产经营过程中的交叉污染,并定期对从业人员进行健康和带菌检查,多措并举有效控制有害微生物的污染;餐饮单位应严格遵守有关卫生制度,特别要防止生熟食品交叉污染。

1.1.2　致泻性大肠埃希菌引发的食品安全案例

1.1.2.1　案例概述

大肠埃希菌一直以来被认为是对人类无害的,第一起由大肠埃希菌引发感染的报道可以追溯到1982年,当时并没有引起学术界和产业界的广泛关注。由于生鲜牛肉消费量的增加,由致泻性大肠埃希菌引发的疾病越来越多,美国食品安全检验局(Food Safety and Inspection Service,FSIS)于2002年开始密切关注这类食源性致病菌,并要求企业对其进行监控和防范,随后关于该菌引发的事件记录呈井喷式增长,比较典型的事件有:2007年,美国新泽西州的某肉类生产企业宣布召回其生产的约9800t冰冻牛肉食品，召回原因是怀疑这批牛肉食品感染了O157型大肠埃希菌；2010年1月18日，美国农业部宣布紧急召回加州一家"行业巨头"加工厂生产的约170t碎牛肉，同样是因为这批牛肉产品被怀疑感染了大肠埃希菌O157：H7；2010年，纽约时报记者以某食品巨头生产的被致泻性大肠埃希菌污染的肉饼导致了年轻舞蹈教练瘫痪为典型事例，系列报道了这一严重危害食品安全的致病菌，引起了巨大反响，并获得了当年普利策奖，随后世界各国消费者对该致病菌有了广泛的了解。

2011年，欧盟全境持续发生多起以腹泻、溶血性尿毒症为典型症状的"未知"感染源的食源性疾病，随后蔓延到美国。该事件在全球范围内被广泛报道，导致多国人心惶惶，部分欧盟国家甚至关闭了对外口岸，暂停了水果、蔬菜的进口。该疾病首先在德国被发现，共引发了德国3126人发生腹泻症状，17人死亡。随后在欧盟相继发生了773起与此致病菌有关的严重的溶血性尿毒症的报告，29人死亡。随着时间的推移，法国、美国、加拿大也相继出现与德国相似的病例。虽然最初判断病原微生物来源于鲜切蔬菜（黄瓜），但通过综合对比法国、美国、德国相关数据，最终溯源结果显示引起此次大规模疾病暴发的源头是从埃及进口的胡芦巴种子（fenugreek seeds），德国一家企业用这些种子进行胡芦巴豆芽生产，最终销售到欧盟境内，引发了包括豆芽生产厂工人在内的部分欧盟消费者的感染。研究者进一步对该菌进行生物学鉴定，确认其是致泻性大肠埃希菌（Diarrheagenic *Escherichia coli*，DEC）中比较罕见血清型——大肠埃希菌O104：H4。

1.1.2.2 DEC的致病性及其危害

DEC是一类能引起人体以腹泻症状为主的大肠埃希菌，可经过污染食物引起人类发病。常见的DEC主要包括肠道致病性大肠埃希菌、肠道侵袭性大肠埃希菌、产肠毒素大肠埃希菌、产志贺毒素大肠埃希菌（包括肠道出血性大肠埃希菌）和肠道集聚性大肠埃希菌5类。在以上5类大肠埃希菌中，以产志贺毒素大肠埃希菌（Shiga toxinproducing *Escherichia coli*，STEC）危害最大。STEC是指一类携带 *stx* 基因，能够产生具有细胞毒、神经毒和肠毒的Vero毒素的大肠埃希菌。纯化的Vero毒素有2个亚基，即具有酶活性的A亚基和能与受体结合的B亚基。1个分子的A亚基与5个分子的B亚基共同构成一个具有生物学活性的毒素分子。该毒素主要受体为灵长类动物肾上皮细胞、肠壁毛细血管内皮细胞和神经细胞，STEC一旦在人体肠道中定植，大量毒素基因的表达会导致肾、肠道的出血以及神经系统的破坏，最终导致腹泻、出血性结肠炎、溶血性尿毒综合征和瘫痪等严重后果。

虽然携带 *stx* 基因的大肠埃希菌具有潜在的致病威胁，但是其致病机制当前尚不明确，最终导致人类感染需要多种致病因子的共同作用。STEC中报道最为广泛的血清型是O157：H7，其致病因子主要包括Vero毒素1、Vero毒素2、*eae* 基因引发的黏附抹平效应（AE损伤）、溶血素、Ⅲ型分泌系统等，其中部分基因成簇状分布于细菌毒力岛上，形成一套复杂的致病系统，完成了细菌的黏附、定植、毒素注入、抹平、溶血等过程，造成宿主细胞的损伤。除大肠埃希菌O157：H7外，380多个非O157血清型被发现与人类疾病有关联，而100多个血清型与食源性疾病暴发以及胃肠道疾病和溶血性尿毒综合征的零星病例有关，除O157外，美国疾病控制与预防中心已确定O145、O121、O111、O103、O45和O26血清型与人类疾病有关，成为STEC六大血清型，在食品生产过程中进行重点防范。与大肠埃希菌O157：H7一样，非O157血清型对公共卫生构成巨大风险，但其构成的威胁情况目前一直未得到充分认识和报道。

1.1.2.3 引发DEC中毒的主要食品类别

致泻性大肠埃希菌常见的污染食品为肉及肉制品、奶及奶制品、蛋及蛋制品、蔬菜、水果和饮料等。对于危害比较大的STEC，牛、羊等反刍动物是其主要来源。因为牛、羊等反刍动物胃肠道普遍缺乏Vero毒素受体，这些致病菌能够被其无症状携带，不能通过宰前检疫进行病畜的鉴别，为其防控造成了困难。牛、羊群中某些特殊个体能够持续携带、排放STEC（超级携带者），通过动物粪便、皮毛交叉污染，并在屠宰过程中通过去皮、去内脏的过程传递到生鲜肉中。大自然中动物（如鸟类）粪便、水体污染也是引发蔬菜、水果中STEC检出的重要原因。该致病菌在美国引起的几次疫情致使美国食品安全检验局于2002年、2012年两度发布文件，要求食品生产企业在危害分析与关键控制点（Hazard Analysis and Critical Control Point，HACCP）体系中重新评估STEC可能带来的危害及干预措施，并推荐使用乳酸喷淋等减菌技术对牛、羊等动物胴体进行有效灭菌。

1.1.2.4 DEC的预防控制措施

应建立从牧场到餐桌的DEC全链条追溯体系，明确DEC（特别是STEC）发生交叉污染的关键环节，并针对性地应用减菌措施。关键控制方法包括以下几个方面：养殖过程中超级带菌动物的及时发现与处置，研究表明畜群中可能存在超级带菌的个体，该个体在畜群中持续排放包含大量STEC的粪便，造成空间和时间上的持续污染，再通过动物-粪便、动物-动物间的接触进一步扩大，因此应及时发现并隔离STEC的超级携带者；注重动物饲喂方式，饲料中含水量高、青贮混合料的酸性环境有利于STEC生长繁殖，谷饲和草饲的饲养方式会改变瘤胃内发酵环境，引发STEC的增多。因此，在动物饲养过程中应注重科学合理的饲料配方及饲养方式；动物STEC疫苗研制及接种，一些大肠埃希菌O157∶H7疫苗的研制已进入测试阶段，这些疫苗可以显著减少食用动物的带菌、排菌数量；宰前管理、动物宰前运输、待宰圈密度是引发STEC交叉污染的重要因素，宰前禁食能够改变动物肠道环境、减少粪便的排放，据报道，宰前18～24h禁食为最理想减少STEC流行的措施；应注重屠宰过程中关键工序（如去皮、去内脏等）相关的良好操作规范（Good Manufacturing Practice of Medical Products，GMP）的遵守以及冷链分销过程中交叉污染的控制。

大多数DEC感染的暴发流行与食品卫生有关，对于消费者来说，应该注重个人卫生，防止厨房交叉污染。低温贮存食品，生熟食品分开保存，加工后的熟食品尽快食用或低温存贮并注意存贮时间。避免食用烹调不足的牛肉等肉类、不干净及变质的食品、来源不可靠的食品，蔬菜水果应充分清洗干净。其中，STEC对热敏感，食物的所有部分加热到75℃，STEC即可被消灭。肉类应彻底煮至75℃并维持2～3min。加工后的熟制品长时间放置后应再次加热后才能食用。禽蛋类则需要将整个蛋洗净后带壳煮或蒸，煮沸8～10min。

1.1.2.5 案例启示

DEC共分为5种，其中STEC是近年来新发现的严重危害公共卫生安全的食源性致病菌，除了大肠埃希菌O157∶H7典型血清型外，越来越多的血清型也被发现。其中，O145、O121、O111、O103、O45和O26已经被称为"TOP SIX"血清型，对公共卫生安全具有潜在威胁。虽然血清型是表征其威胁的一种方法，但是研究者正努力探究其主要致病机制，以期能够更好地对其毒性进行精确描述和精准控制。STEC 主要的宿主是牛、羊等反刍动物，该类细菌毒性大，感染后并发症严重。随着我国牛肉调理产品的消费逐渐增加，该类食源性致病菌应该引起重视，尽早对其进行基本流行数据、生物学特性以及风险评估的调查和研究，为食品安全过程控制提供支持。

1.1.3　弧菌引发的食品安全案例

1.1.3.1　案例概述

加拿大公共卫生局于 2020 年 12 月报告了暴发于该国 4 个省的一次副溶血性弧菌事件。在 2020 年 7 月初至 2020 年 10 月下旬共计 23 例感染，1 名患者住院，没有死亡的报道，患者年龄在 11～92 岁之间，大多数疾病感染者（约占 61%）是男性。

在亚洲，副溶血性弧菌是引起食源性疾病的常见原因。暴发范围通常较小，涉及的病例通常少于 10 个，但经常发生。在我国，广东省卫生健康委员会 2020 年 7 月 15 日发布信息称全省 21 个地市报告了 1 起一般级别突发公共卫生事件，为广州市黄埔区报告的副溶血性弧菌食物中毒事件，发病 48 例，无死亡。

1.1.3.2　弧菌的致病性及其危害

副溶血性弧菌最早于 1951 年在日本被确定为食源性疾病的病原体，是水产品中存在的主要病原菌。虽然副溶血性弧菌的致病机制目前仍不清楚，但分别由 tdh 和 trh 基因编码的溶血素一直被认为是副溶血性弧菌的主要毒力因子。除溶血素外，某些菌株具有Ⅲ型分泌系统，与宿主细胞结构、细胞信号转导的破坏及细菌侵袭作用有关。由于该生物体对酸敏感，因此肠胃功能失常、胃酸浓度下降的人更容易被感染甚至产生严重疾病。感染后 4h 内迅速发展为表观症状，包括水样腹泻、腹痛、恶心、呕吐、发热，但其通常是自限性的，在 2～6 天即可自愈。副溶血性肠胃炎的症状通常包括腹泻和腹部绞痛，恶心、呕吐、发热和血性腹泻较少见。

1.1.3.3　引发弧菌中毒的主要食品类别

由于副溶血性弧菌是天然存在的海洋和河口细菌，因此几乎在所有海鲜产品（鱼、虾、蟹、贝类和海藻）中普遍发现。鱼和贝类生物体是引起肠胃炎的最常见食物来源。其他的由海鲜类消费引发的疾病则主要是由于生熟食品未分开导致的交叉污染所引起的。虽然沿海地区是副溶血性弧菌引发疾病的高发地区，但随着近年来海产品大量进入内陆，内陆地区关于此类食物中毒的报道也在增多。食用新鲜农产品（水果、蔬菜等）有关的弧菌性肠胃炎也通常被认为是厨房内交叉污染或使用未经处理的污染的水冲洗农产品所致。

1.1.3.4　弧菌的预防控制措施

海产品在收获、运输、消费过程中全程低温可以有效防范副溶血性弧菌引发的疾病；用于加工海产品的器具必须严格清洗、消毒；厨房加工过程中，生熟用具要分开，防止交叉污染；进食海产品前应煮熟煮透，贝类烹饪到内部温度为 74℃ 才能杀死诸如弧菌之类的细菌，尤其注意不能生食海产品；副溶血性弧菌对酸敏感，因此可在烹调海产品时加一点醋；食品煮熟后至食用的放置时间不要超过 4h，剩菜食用前应充分加热。

1.1.3.5 案例启示

副溶血性弧菌是一种海洋细菌，主要来源于鱼、虾、蟹、贝类和海藻等海产品，引发食物中毒现象较为普遍。副溶血性弧菌中毒常见于沿海城市，但随着物流水平的发展，内陆地区该菌引发的感染也逐渐增多。该类食源性疾病多发于每年的 4~11 月份，高峰期为夏秋季的 7~9 月份。副溶血性弧菌比霍乱弧菌更具肠道侵袭性，并且摄入生的、未煮熟的或交叉污染的海鲜产品是引发感染的主要原因。由于这种生物天然存在于海洋和河口环境中，从海鲜中彻底消除副溶血性弧菌是不现实的。在海鲜收获后或进入市场前最大限度抑制其生长是有效的措施。

1.1.4 单核细胞增生李斯特菌引发的食品安全案例

1.1.4.1 案例概述

2011 年，美国疾病控制与预防中心陆续收到了包括科罗拉多州在内的多个州的单核细胞增生李斯特菌病暴发报告，截至当年 10 月共发现此次疫情波及 28 个州，造成 143 人住院、1 名孕妇流产、33 人死亡。美国有关州、地区和联邦公共卫生管理部门启动联合调查，通过流行病学、溯源和实验室调查后发现这起疫情与食用来自科罗拉多州的格兰纳达波尼地区的 Jensen 农场种植的香瓜（cantaloupe）相关。据报道，美国每年诊断出约 800 例单核细胞增生李斯特菌感染病例，导致这些疾病暴发的典型食物是熟食肉、热狗和用未经巴氏消毒的牛奶制成的墨西哥风格的软奶酪。

2015 年 4 月，美国至少 8 人因食用美国某知名公司冰激凌产品后，感染单核细胞增生李斯特菌而患病就医，并导致 3 人死亡。获悉相关消息后，中国食品药品监督管理总局立即部署，要求相关省局迅速调查核实，采取控制措施，召回并销毁了全部从美国进口的未售出的冰激凌产品，国内尚未接到因食用该冰激凌产品出现异常情况的报告。

1.1.4.2 单核细胞增生李斯特菌的致病性及其危害

单核细胞增生李斯特菌（*Listeria monocytogenes*）是一种革兰氏阳性、兼性厌氧型无芽孢的短杆菌，一般不形成荚膜，但在营养丰富的环境中也可形成荚膜。单核细胞增生李斯特菌生存范围广阔，对各类理化因素抵抗力强，在广泛的温度（0.4~45℃）、pH 值（4.4~9.4）、水活度（0.90~0.97）和高达 25% 的盐浓度下均可生长。因此，单核细胞增生李斯特菌极易在食品加工环境中残留，尤其会对冷藏食品和即食食品造成严重污染。

单核细胞增生李斯特菌最早是由南非细菌学家 Murray 和他的同事发现并命名的，当时他们观察到一种革兰氏阳性杆菌能够引起兔子和豚鼠感染和死亡，伴有明显的单核细胞增多症。单核细胞增生李斯特菌是一种有能力穿过多层宿主屏障进入并存活在吞噬细胞或非吞噬细胞中的胞内寄生菌，其通过被污染的食物进入宿主肠道，借助内化素蛋白的帮助侵入胃肠上皮细胞。随后，在毒力因子溶血素 LLO 和磷脂酰肌醇磷脂酶的协助下裂解吞噬泡进入细胞，同时在宿主细胞内增殖。一旦被释放到胞中单核细胞增生李斯特菌可以通过机动蛋白 ActA 作用向相邻的细胞移动，在宿主细胞间传播完成感染过程。此外，单核细胞增生李斯特菌可通过感染巨噬细胞在宿主体内迁移，最终到达肝和胆囊。

单核细胞增生李斯特菌为典型胞内寄生菌，是否得病与菌量和宿主的年龄、免疫状态有关，宿主对它的清除主要靠细胞免疫功能。被单核细胞增生李斯特菌感染后会出现轻微类似流感的症状，新生儿、孕妇、免疫缺陷患者表现为呼吸急促、呕吐、出血性皮疹、化脓性结膜炎、发热、抽搐、昏迷、自然流产、脑膜炎、败血症直至死亡（死胎）。人类中主要的感染对象为新生儿、孕妇、老年人和免疫功能低下的人群。

1.1.4.3　引发单核细胞增生李斯特菌中毒的主要食品类别

单核细胞增生李斯特菌广泛存在于自然界中，能耐受较高的渗透压，在低温、酸性、厌氧、高盐等不利的生存环境下仍能生长。在食品加工过程中可以在食物接触表面进行扩散，能够形成生物膜，并在生物膜的保护下，耐受高浓度的消毒剂和抗菌剂。对人类的感染主要是通过粪-口途径进行传播。比较容易受到污染的食品有：牛奶和乳制品（冰激凌）、肉及肉制品（加工或者生鲜）、蔬菜、沙拉、海产品（如熏鱼等）。

1.1.4.4　单核细胞增生李斯特菌的预防控制措施

由于单核细胞增生李斯特菌能够在低温下生长繁殖，因此冰箱可能是造成消费者感染的重要源头。消费者在日常生活中，要遵循"食品安全五要点"，即生熟分开、保持清洁、烧熟煮透、安全温度、安全原料。健康人对单核细胞增生李斯特菌具有较强的抵抗力，少量的菌不能致病，而免疫能力低下的高危人群则容易发病，因此需加强对高危人群的宣传。例如，孕妇孕期不宜吃长时间存放于冰箱的生冷食物，不喝未经巴氏消毒的生奶，不吃未经彻底加热的冷餐肉、卤肉等熟食，不生吃水产品。企业应严格遵守 GMP 和 HACCP 相关要求，及时对生产设备进行彻底消毒，交替使用消毒减菌剂以免其产生抗逆性，形成生物膜。熟食车间注意冷凝水、架空结构的清洁，生产设备密封胶条、焊缝注重清洁，避免地板、接触面产生积水，保证排水系统的通畅，定期清理。

1.1.4.5　案例启示

单核细胞增生李斯特菌具有较强的耐盐、耐低温的能力，其广泛存在于土壤、粪便、青贮饲料、污物、水以及食品加工环境中，由于其较强的耐低温能力，在 4~6℃ 的温度下仍可大量繁殖，在 -20℃ 的环境下仍能存活 1 年，家庭贮藏食物的冰箱很有可能成为其交叉污染的来源。单核细胞增生李斯特菌是典型的胞内寄生菌，对免疫力低下群体、孕妇的威胁较大，2021 年发布的《食品安全国家标准 预包装食品中致病菌限量》（GB 29921—2021）分别规定了干酪、再制干酪和干酪制品、肉制品、水产制品、即食果蔬制品、冷冻饮品单核细胞增生李斯特菌的限量要求，均为不得检出。

思考题

1. 沙门菌的危害有哪些？
2. 致泻大肠埃希菌分为几类？其中产志贺毒素大肠埃希菌（STEC）的污染途径有哪些？
3. 副溶血性弧菌主要污染哪些食品？
4. 从细菌污染的角度分析"私家制作"美食的安全性。
5. 针对由细菌污染引发的食品安全问题，你有哪些合理化建议？

1.2 真菌污染

1.2.1 黄曲霉毒素引发的食品安全案例

1.2.1.1 案例概述

1974年10月,印度西部地区以玉米为主食的200个村庄,发生黄曲霉毒素引起的肝炎暴发,持续两个月。患者共计397例,死亡106例,未见婴儿患病。临床表现为短暂性发热、呕吐及厌食,继而出现黄疸。有些患者在2~3周内迅速出现腹水及下肢水肿,病死率很高,一般死亡病例均出现胃肠道大出血。

2004—2005年,肯尼亚暴发了大规模的黄曲霉毒素急性中毒事件,中毒千余人,死亡125人,霉变玉米中检出黄曲霉毒素 B_1(aflatoxin B_1,AFB_1)的含量高达 $400\mu g/kg$,是罕见的黄曲霉毒素中毒事件。黄曲霉毒素中毒的症状一般为一过性的发热、呕吐、厌食、黄疸、腹水、下肢水肿等肝中毒症状,严重者出现暴发性肝功能衰竭,甚至死亡。

2008年9月5日,日本米粉加工销售企业"三笠食品"公司,被发现非法倒卖农药残留超标和霉变的"非食用"大米。农林水产省随之公布对"问题大米"的调查情况:这些大米中含有超标的黄曲霉毒素及杀虫剂甲胺磷。虽然规定这些大米仅限于工业用途,但大阪、京都等地的粮食店及酿酒企业均购买了该大米。至此,"问题大米"事件曝光。

1.2.1.2 黄曲霉毒素的致病性和危害

黄曲霉毒素是黄曲霉菌、寄生曲霉菌等真菌的次级代谢产物,目前该毒素已分离出12种以上,常见的有 AFB_1、AFB_2、AFG_1、AFG_2、AFM_1 和 AFM_2 等。黄曲霉毒素的热稳定性较好,普通烹饪和加热不易将其分解,加热达到熔点(200~300℃)才会发生分解。黄曲霉毒素毒性极强,为氰化钾的10倍,砒霜的68倍,是目前毒性最强的强致癌物之一。1993年,黄曲霉毒素被世界卫生组织的国际癌症研究中心(International Agency for Research on Cancer,IARC)划定为一类天然存在的致癌物。

人们食用被黄曲霉污染的粮食和食品,会导致急慢性中毒反应,出现急性肝炎、出血性坏死、肝细胞脂肪变性和胆管增生,严重时可导致肝癌甚至死亡。长期摄入低剂量黄曲霉毒素,可造成慢性中毒、生长障碍,引起纤维性病变,致使纤维组织增生。

黄曲霉毒素具有致突变性,可导致 DNA 损伤,诱导染色体畸变、断裂及缺失。黄曲霉毒素还是一种剧毒的致肝癌物。我国肝癌流行病学调查研究中发现,某些地区人群膳食中黄曲霉毒素的污染水平与原发性肝癌的发生率呈正相关。乙型肝炎病毒和 AFB_1 是诱发我国肝癌的两大主要危险因素,有关肿瘤研究专家通过建立乙肝病毒和 AFB_1 致肝癌机制的实验模型,发现二者在致肝癌过程中具有明显的协同作用。

黄曲霉毒素的污染在食品生产、加工与运输等过程中均可能发生,某一环节操作不当,均会导致污染。我国对许多食品规定了黄曲霉毒素的限量标准,可有效控制黄曲霉毒素危害。

1.2.1.3 引发黄曲霉毒素中毒的主要食品类别

黄曲霉毒素的污染有地区和食品种类的差别。长江及长江以南地区黄曲霉毒素污染严重，北方各地区污染较轻。在各类食品中，花生、花生油、玉米污染最严重，大米、小麦、面粉污染较轻，豆类很少受到污染。

1.2.1.4 黄曲霉毒素的预防控制措施

目前，全世界已经有60多个国家和地区制定了食品和饲料中的黄曲霉毒素限量标准和法规。美国制定的相关标准规定人类消费食品和奶牛饲料中的黄曲霉毒素总量（$AFB_1+AFB_2+AFG_1+AFG_2$）不能超过 $20\mu g/kg$，牛奶中 AFM_1 的含量不能超过 $0.5\mu g/kg$，在动物性饲料中黄曲霉毒素的含量不能超过 $300\mu g/kg$。2006年，欧盟的限量标准［(EC)，No.1881/2006］规定：谷物、水果、奶制品中的 AFB_1 含量均不超过 $8\mu g/kg$，黄曲霉毒素总量（$AFB_1+AFB_2+AFG_1+AFG_2$）不超过 $15\mu g/kg$，对于婴幼儿的食品则更为严格，标准规定婴儿食品中 AFB_1 的最大限量均为 $0.1\mu g/kg$。

利用含有黄曲霉毒素超出允许量标准的粮食、油料及油品加工食用时，必须在工艺过程中采取有效措施去除毒性，产品符合标准后方可供食用。若有违反规定的将追究法律责任。2017年，我国发布的《食品安全国家标准 食品中真菌毒素限量》（GB 2761—2017）规定，玉米、花生及其制品中 AFB_1 的限量为 $20\mu g/kg$，稻谷、大米等限量为 $10\mu g/kg$，大麦、小麦、麦片等限量为 $5\mu g/kg$，孕妇及婴幼儿食品的限量不应超过 $0.5\mu g/kg$。

1.2.1.5 案例启示

① 养成良好的消费习惯。购买食品时注意检查标注的保质期，确保保质期内吃完。一次购买量也不应过多，以防过期。过期的食物不宜食用，应妥善处理。

② 注重食品的保存环境。真菌喜阴暗、潮湿的环境，为防止食品霉变，应将食品保存于通风干燥处。或通过降低食物水分与温度的方式延长保存时间，也可通过抽真空的方式保存食物。

③ 学会常见的去毒措施。如果食物已经霉变，不可再食用，应及时丢弃。如食物未发生霉变，当保存条件不佳，或保存时间过长时，为防止真菌毒素污染，可采用下列措施：高温去毒，常见的真菌毒素超过200℃会发生分解，可通过高温的方式去毒，如油炸、烘烤等；日晒或紫外线照射去毒，黄曲霉毒素在被紫外线照射后会发生降解，可通过日晒或紫外线照射等方式去毒。

1.2.2 禾谷镰刀菌引发的食品安全案例

1.2.2.1 案例概述

2003年7月，陕西南部白河县发生一起因食用赤霉病麦加工成的面粉引起的食物中毒，发病病例涉及10个自然村，65个村民小组，人数达701人，占调查总人数的13.9%。中毒者的主要表现为恶心、呕吐、头昏、腹痛、腹胀、乏力、咽喉麻木，病程多为2~3h，最短30min，最长为2天，一般不治自愈，愈后良好，无死亡病例。研究人员对病麦样品进行真菌培养，结果检出为禾谷镰刀菌。进而证实此次中毒事件与禾谷镰刀菌污染有关。

1.2.2.2 禾谷镰刀菌的致病性及其危害

禾谷镰刀菌在阴暗、潮湿的环境中生长，该真菌的污染在雨季常见，主要污染谷物及食物。由于禾谷镰刀菌的次级代谢产物较多，且温度、湿度不同，次级代谢产物的种类和剂量也存在差异。目前，我国在谷物和食品中只有真菌毒素的限量标准，如果谷物或食品的质检过程未发现超标的真菌毒素，但存在的真菌污染又未检出，那么在后续的加工或运输过程中可能出现真菌的二次污染。另外，目前质检过程中，只要所有的毒素均低于限量标准，就符合国家标准，但未考虑多种毒素联合导致的协同作用会增加中毒风险。

小麦赤霉病是由镰刀菌引起的一种危害小麦、大麦、玉米等的重要病害，引发该病的优势菌种为禾谷镰刀菌。该病不但影响作物产量、降低谷物品质和食用价值，其产生的多种毒素还易导致人畜中毒。

脱氧雪腐镰孢霉烯醇（deoxynivalend，DON）是禾谷镰刀菌最为主要的次级代谢产物，是导致人畜中毒的罪魁祸首。DON是一种倍半萜烯化合物，易溶于水和乙醇，性质稳定，一般的蒸煮和烹饪无法使其分解。1998年，国际癌症研究机构公布的评估报告中，DON被列为第3类致癌物。

DON可导致人发生急慢性中毒症状，但一般不会引起死亡。急性中毒症状一般为胃部不适、恶心、呕吐、头痛、头晕、腹痛、腹泻，还会产生全身无力、口干、流涎等症状，少数患者有发热、颜面潮红等。苏联的"醉谷症"、西欧的"醉黑麦病"及我国的"昏迷麦"中毒均由DON引起。DON还有致癌性，我国的学者研究发现，河南某地区的贲门癌的高发与当地食品中DON高检出率呈正相关。有研究表明，食品中该毒素含量与骨关节炎、大骨节病严重程度呈正相关。

1.2.2.3　引发DON中毒的主要食品类别

DON在世界范围广泛存在，主要污染小麦、大麦、燕麦、玉米等谷物，也污染粮食制品，如面包、饼干、点心等，另外在动物的奶、蛋及其制品中也检出有DON残留。DON的污染严重程度与当地的气候及食品的加工、运输、贮存条件等密切相关。

1.2.2.4　DON的预防控制措施

目前，全世界有37个国家和地区针对食品或谷物中的DON已有相关限量标准。美国食品药品监督管理局规定食品中DON的安全限量标准是1mg/kg，DON的含量超过1mg/kg时就会对人及牲畜的健康产生损害。同时，美国规定饲料用小麦及小麦制品中DON的允许限量不得超过4mg/kg。2006年，欧盟的限量标准［（EC），No 1881/2006］规定DON在未加工的玉米、小麦、燕麦的限量标准为1750μg/kg，而其他谷物的限量标准为1250μg/kg，加工后的谷物制品的限量标准不超过750μg/kg，且婴幼儿食品中DON的含量不得超过200μg/kg。

2017年，我国发布的《食品安全国家标准 食品中真菌毒素限量》（GB 2761—2017）中规定了谷物及谷物制品（包括玉米、玉米面、大麦、小麦、麦片和小麦粉）中DON的限量标准为1000μg/kg。

1.2.2.5　案例启示

禾谷镰刀菌易污染小麦、大麦、燕麦、玉米等谷物，在购买上述食品时，需特别关注生产日期和保存条件。被污染的谷物中DON含量会超过国家限量标准，如果食用会出现胃部不适、恶心、呕吐等症状。一旦出现此类症状，应当立即就医。另外，建议购买正规厂家生产的谷物食品，防止发生DON中毒。

> 思考题

1. 黄曲霉毒素中毒的症状有哪些？
2. 黄曲霉毒素污染严重的食物有什么？
3. 如何预防黄曲霉毒素污染？
4. 禾谷镰刀菌的次级代谢产物有哪些？
5. 禾谷镰刀菌污染的危害有哪些？
6. DON 的全称是什么？它属于哪一类化合物？

1.3 病毒污染

1.3.1 朊病毒引发的食品安全案例

1.3.1.1 案例概述

牛海绵状脑病（bovine spongiform encephalopathy，BSE）是一种以中枢神经系统退化为主要特征的人畜共患病，其症状表现与羊瘙痒病类似，俗称"疯牛病"。1985 年 4 月，疯牛病在英国被首次发现。1996 年 3 月 20 日，英国宣布首例人类感染疯牛病的案例。直到 2000 年 7 月，在英国有超过 34000 个牧场的 176000 多头牛感染了疯牛病，从 1995 年到 2000 年 10 月，英国已确定 80 余例变种克雅氏病（variant Creutzfeldt-Jakob disease，vCJD）患者。

自 1986 年英国首次发现疯牛病以来，全球共有 26 个国家发现该病，导致超过 1500 万头牛遭到扑杀；12 个国家和地区报告了 225 例确诊人感染疯牛病病例，感染者全部死亡。2001 年 9 月，日本千叶县 1 头奶牛经英国兽医研究所确诊为疯牛病。此后 10 年内，日本共报道了 36 例疯牛病病例，其中检出疯牛病的时间主要集中在 2001—2009 年，2006 年最多（共发现 10 头）。

1.3.1.2 朊病毒的致病性及其危害

疯牛病由朊病毒（prion）引起。朊病毒不仅能在动物之间相互传染，而且有可能通过食品、化妆品、药品、血液等传染给人并引起人类库鲁病（Kuru disease）、克-雅脑病（Creutzfeldt-Jakob disease，CJD）、vCJD 等，会引起人和动物中枢神经纤维化，大脑产生空洞，逐渐变为海绵状，最终丧失功能。

1.3.1.3 朊病毒的预防控制措施

目前为止，世界上还没有任何治疗疯牛病的有效药物。切断疯牛病的传播途径是目前防范疯牛病唯一有效的办法。疯牛病主要预防控制措施包括以下几个方面：

（1）加强进出口检疫

世界动物卫生组织（World Organization for Animal Health，OIE）将疯牛病列为必须报告的动物疫病，我国《一、二、三类动物疫病病种名录》将其列为一类动物疫病，也是

《中华人民共和国进境动物检疫疫病名录》中的一类动物检疫疫病。我国加强了对进口牛（包括胚胎及其后代）、相关产品（牛脑、牛脊髓、牛眼、牛肉、牛骨、牛内脏、牛胎盘等）及食品（牛肉汉堡、牛排、牛肉罐头、牛肉香肠、牛肉松等）的检疫。主要措施包括禁止进口和销售来自发生疯牛病国家的上述产品；对已进口或销售的来自发生疯牛病的国家的上述产品，应立即暂停生产和销售，并公告收回已售出的食品，做销毁或退货处理。

（2）加强反刍动物饲料生产管理

疯牛病的传播主要是由感染疯牛病病毒的牛肉骨粉制成的牲畜饲料造成的。因此，应禁止在反刍动物饲料中使用动物源性饲料产品。我国规定，以反刍动物为原料的饲用肉骨粉和油脂生产企业应严格加工工艺，保证原材料加热前处理为最长不超过 50mm 的块状物，原料生产加工温度不得低于 133℃，压力不得低于 300kPa，时间不少于 20min（或其他经证实可以完全灭活朊病毒的方法）。

1.3.1.4 案例启示

自首次在英国被发现后，朊病毒引发的疯牛病不仅给欧盟造成了巨大损失，而且对人类健康构成威胁。应强化反刍动物及其产品进口、饲料生产使用、养殖屠宰加工等重点环节的风险管理，有效防范疯牛病传入和发生风险；加大宣传教育力度，加强检疫监管，切实提高疯牛病监测预警水平和应急处置能力，保护消费者健康。

1.3.2 禽流感病毒引发的食品安全案例

1.3.2.1 案例概述

2013 年 3 月 31 日，我国卫生和计划生育委员会通报，上海市和安徽省发现 3 例人感染甲型 H7N9 禽流感病例。

1.3.2.2 禽流感病毒的致病性和危害

禽流感病毒（avian influenza virus，AIV）是一种人畜共患传染病病原体，归于 A 型流感病毒。目前，A 型流感病毒依据血凝素（hemagglutinin，HA）和神经氨酸酶（neuraminidase，NA）的抗原性差异可分成 18 种 HA 亚型（H1~H18）和 11 种 NA 亚型（N1~N11）。根据致病力的不同，AIV 可分为高致病性禽流感病毒（highly pathogenic avian influenza virus，HPAIV）和低致病性禽流感病毒（low pathogenic avian influenza virus，LPAIV）。

人类可以感染禽流感及其他人畜共患型流感病毒，如甲型 H5N1、甲型 H7N9 和甲型 H9N2 等禽流感病毒亚型及甲型 H1N1 和 H3N2 等猪流感病毒亚型。流感病毒感染可能导致轻微上呼吸道感染（发热和咳嗽），疾病早期有痰产生并迅速发展为重症肺炎、败血症伴发休克、急性呼吸窘迫综合征等病症，甚至会出现死亡。根据病毒亚型情况，也有不同程度的结膜炎、胃肠道症状、脑炎和脑病症状。许多患者感染甲型 H5 或甲型 H7N9 禽流感病毒后，其病程发展异常迅速。常见的初期症状为高热（体温 38.5℃ 或以上）和咳嗽。据报道，许多患者出现了累及下呼吸道的症状和体征，包括呼吸困难或气短。咽痛或鼻炎等上呼吸道症状较不常见。在有些患者的临床病程中也曾出现过腹泻、呕吐、腹痛、鼻出血、牙龈出血及胸痛等其他症状。感染的并发症包括低氧血症、多器官功能障碍以及继发细菌和真菌感染。人类感染甲型 H5 和甲型 H7N9 亚型病毒的病死率远远高于感染季节性流感。

1.3.2.3 禽流感病毒的预防控制措施

人感染高致病性禽流感是由禽甲型流感病毒某些亚型中的一些毒株（如甲型 H5N1、甲型 H7N9、甲型 H9N2、甲型 H7N7 等）引起的人类急性呼吸道传染病。《中华人民共和国传染病防治法》将其列为乙类传染病，但实行甲类管理，即一旦发生疫情，采取甲类传染病的预防控制措施。人类感染禽流感病毒的主要途径是直接接触受禽流感病毒感染的动物或受污染的环境，如活禽市场、屠宰受感染禽类、拔毛和处理尸体及制备供食用的禽类等。主要预防措施包括以下几个方面：

（1）保持清洁，勤洗手

养成良好的个人卫生习惯，在烹调食物和进餐前注意洗手，接触生肉、生禽或禽蛋后，必须再次洗手。

（2）生熟分开，避免交叉污染

不使用同一块砧板或同一把刀具处理生肉和煮熟（或直接入口）的食物，彻底清洁生肉接触器皿。生肉、生禽等接触的器具应进行清洁消毒，特别是熟肉制品不应直接放回到煮熟前所用容器中，盛放生肉容器清洁后方可盛放熟食。

（3）注意饮食卫生

食用禽蛋、禽肉要彻底煮熟，使制品各部分温度达到或超过 70℃；不吃生禽和生蛋，不在家庭屠宰和食用病禽或死禽。

（4）做好个人防护

消费者应避免接触家禽养殖场，避免与活禽市场中的动物接触，避免进入可能宰杀家禽的场所，或避免接触看似受到家禽或其他动物粪便污染的任何表面。养禽场工作人员更应注意个人卫生，工作时戴口罩、穿工作服、戴手套，接触禽类粪便等污染物后要洗手并保持工作环境中空气流通。

（5）接种流感疫苗

健康的成年人和青少年可以接种减毒流感疫苗，老年人、婴幼儿、孕妇和慢性病患者可以接种流感灭活疫苗。接种流感疫苗能够减少感染普通流感病毒的概率，并减少流感病毒与禽流感病毒发生基因整合的机会。

（6）及时就医

如果出现发热、头痛、鼻塞、咳嗽、全身不适等症状，患者应当戴上口罩，立即到医院就医。就诊时，务必告诉医生自己是否到过禽流感疫区、是否接触过病禽等情况，并在医生指导下治疗和用药。

1.3.2.4 案例启示

近年来禽流感病毒在韩国、日本、英国等许多国家暴发，不仅严重影响家禽产业发展，也危及公众健康、畜类养殖、贸易、旅游、经济和社会发展，成为全球关注的焦点。高致病性禽流感被 OIE 列为 A 类动物疫病，我国将其列为一类动物疫病。应坚持"预防为主"原则，加强家禽场内饲养管理，从动物来源、运输调运、洗涤消毒、人员控制、投入品控制、强制免疫等方面预防控制人禽流感疫情发生、传播和蔓延扩散。同时还应积极加强健康教育,保持科学的卫生习惯和个人防护措施,有效避免人禽流感疫情的发生和流行。

1.3.3 甲型肝炎病毒引发的食品安全案例

1.3.3.1 案例概述

1988年1月,上海市出现了市民因食用被甲型肝炎病毒(hepatitis A virus,HAV)污染的毛蚶而引起了腹泻。上海市出现了当年第一例甲肝病人。之后,患者人数急剧攀升,继而出现了甲型肝炎暴发流行的事件。此次事件造成的直接和间接的经济损失超过百亿元。

本次甲型肝炎暴发流行的特点是:来势凶猛,发病急;病人症状明显,大多数患者血清谷丙转氨酶(glutamic-pyruvic transaminase,GPT)在1000单位以上,90%以上的病人出现黄疸,85%以上的病人抗HA试验阳性;发病主要集中在市区,人群分布以青壮年为主,20~39岁的占83.5%;80%以上的病人有食用毛蚶史。同时,一个家庭有两个人以上发病的情况很多,发病时间比较集中。造成此次甲型肝炎污染事件的主要原因包括以下几个方面。

(1) 人们缺乏环境意识

人粪尿随意倾倒,导致贝类污染。甲肝主要通过粪便途径传播,粪便中HAV直接污染水和食物即可造成甲型肝炎暴发。毛蚶、牡蛎等贝类均通过水进行呼吸和摄食,如若水体受污染,就会引起HAV在贝类体内的积聚。上海市卫生局组织的临床调查显示,85%的甲肝病人在病发前曾食用过毛蚶。而对毛蚶来源地进行调查,发现在捕捞期间,大量渔船同时聚集在毛蚶产地水域作业,渔民均直接排便入水,造成了水乃至水产品的严重污染。

(2) 消费者缺乏食品安全意识

有些消费者对饮食卫生不够注意,食品安全意识淡薄,按照自己喜好大量食用。

(3) 监管缺失

当时有关部门对食品安全的保障工作没有足够的重视,个别个体饮食业不尽完善的卫生管理措施及少数经营者不良的职业道德水准,也使疾病的大面积传播成为可能。

1.3.3.2 甲型肝炎病毒引发的其他食品安全案例

2017年3月,美国加利福尼亚州圣地亚哥发生了甲型病毒性肝炎暴发事件,共造成592例病例和20人死亡。根据食品与饲料快速预警系统(rapid alert system for food and feed,RASFF)的数据,1998—2017年,欧盟小浆果中污染HAV的通告数达9条;根据美国疾病控制与预防中心的数据,2013年暴发的HAV污染小浆果事件涉及美国十几个州,感染人员达150人,住院人数比例达44%。

1.3.3.3 甲型肝炎病毒的致病性及其危害

甲型肝炎是由甲型肝炎病毒引起的一种肝疾病。甲型肝炎病毒属细小RNA病毒科,是直径27~28nm的正二十面体立体对称的球状颗粒,有蛋白质壳体和核酸,无包膜,表面有32个亚基结构,称为壳粒。电镜下HAV呈空心和实心两种,空心颗粒缺乏核酸。HAV无脂蛋白包膜,故对有机溶剂有抵抗力。耐酸、耐碱、耐乙醚,对紫外线敏感,一般照射1~5min可被灭活。甲型肝炎病毒在外界的生存力很强,故极易通过日常生活接触传播。HAV一般通过粪-口途径传播,甲肝病毒由病人粪便排出,直接或间接污染手、水、食物和餐具,健康人吃进被病毒污染的食物和水后便可受到感染。日常生活接触是主要的传播途径，通常为散发，但在水源和蛤蜊、牡蛎等生食的水产品受到严重污染时可造成暴发流行。任何人都能被传染，儿童易感，孕妇与体弱者传染后病情较重。急性肝炎主要包括以下几种类型。

(1) 急性无黄疸型肝炎

近期内出现连续几天以上无其他原因可解释的乏力、食欲减退、恶心、厌油、腹胀、稀便、肝区疼痛等。儿童常有恶心、呕吐、腹疼、腹泻、精神不振等，部分病人起病时常有发热，但体温不高。

(2) 急性黄疸型肝炎

起病较急，除具有急性无黄疸型肝炎症状外，同时还伴有小便赤黄、巩膜黄染（即白眼球变黄），部分患者可有大便变灰白、全身皮肤变黄等黄疸症状。

(3) 急性重症型肝炎

急性重症型肝炎病人出现高热，严重的消化道症状，如食欲缺乏、频繁呕吐、重度腹胀或有呃逆、打嗝、重度乏力以及黄染严重，出现昏迷的前驱症状，如嗜睡、烦躁不安、意识不清等。极重患者可发生肝昏迷，抢救不及时或不当极易死亡。

1.3.3.4 甲型肝炎病毒的预防控制措施

甲型肝炎病毒预防控制措施包括以下几个方面：

(1) 注意个人卫生

饭前便后要洗手，以防手被污染而在进食时带入病毒。

(2) 开展爱国卫生运动

做好粪便无害化工作，防止污染水源，改善城乡卫生环境和普及安全用水知识，从源头上控制病毒性肝炎经饮食饮水传播的风险因素。

(3) 注意饮食卫生

饮用水及所有摄入的食物均煮熟蒸透，要改变不良饮食习惯，不喝生水、不生食蔬菜、不生食海产品（尤其是容易富集甲型肝炎病毒的毛蚶等），食物一定要经过高温加工。公用餐具消毒，最好实行分餐，生食与熟食砧板、刀具和贮藏容器均应严格分开。同时要加强食品卫生监督，防止各环节的污染。

(4) 管理传染源

管理好患者的粪便等排泄物、垃圾等污物；在接触患者后，应注意手和物品的消毒，避免交叉感染，防止把疾病传染给自己或其他人。

(5) 加强疫苗接种，保护易感人群

对儿童、食品从业人员等重点人群接种甲型病毒性肝炎疫苗是控制和预防甲型肝炎的有效手段。

1.3.3.5 案例启示

甲型肝炎病毒是造成食源性感染的一个最常见原因。甲型肝炎病毒引发的甲型肝炎是一种偶发疾病，在世界各地流行，有循环复发的趋势，并造成重大经济损失。甲型肝炎主要通过粪-口途径进行传播，与安全用水不足、卫生条件差和不良个人卫生习惯等密切相关。在水产养殖、加工、流通等过程中，应控制传染源，切断传播途径，保护易感人群，从而有效防止甲肝聚集性病例或疫情暴发。

> **思考题**
>
> 1. 常见食源性病毒有哪些？
> 2. 疯牛病病毒性质及危害是什么？
> 3. 如何控制病毒引发的食品安全问题？

1.4 寄生虫污染

1.4.1 广州管圆线虫引发的食品安全案例

1.4.1.1 案例概述

从 2006 年 6 月 24 日至 8 月 18 日，北京市多家医院共收治了 23 例皮肤异常、头痛头晕、恶心呕吐的病例，所有患者均称近期曾在某酒楼食用了"凉拌螺肉"或"麻辣螺肉"。经调查，这起群体性、食源性疾病的病原是潜藏在福寿螺体内的广州管圆线虫。造成此次事件的原因是福寿螺加工不彻底，导致寄生在螺体内的广州管圆线虫幼虫未被全部杀灭。

2007 年 3 月 24 日，广东省广宁县文坑村发生 17 名农民工感染广州管圆线虫事件。主要原因是上述人员进食在居住地附近的田地里采集的福寿螺，先后有 6 人发病，全部患者均进食过生螺肉，福寿螺平均感染率为 2.12%，平均每只螺含 37 条广州管圆线虫幼虫。

1.4.1.2 广州管圆线虫的致病性及其危害

广州管圆线虫病是指由广州管圆线虫（*Angiostrongylus cantonensis*）幼虫寄生于人体内引起的以嗜酸性粒细胞增多性脑膜脑炎为主要特征的食源性人畜共患寄生虫病。广州管圆线虫是 1933 年由我国学者陈心陶在广州家鼠肺部发现并命名的，属圆线虫目后圆线虫科后圆线虫亚科管圆线虫属。广州管圆线虫的中间宿主主要为螺类和蛞蝓（俗名鼻涕虫），螺类常见的有褐云玛瑙螺和福寿螺，此外还包括皱疤坚螺、短梨巴蜗牛、中国圆田螺和方形环棱螺等，终宿主主要为啮齿动物尤其是鼠类，以褐家鼠和黑家鼠较为常见。

广州管圆线虫成虫寄生在肺动脉血管内，幼虫侵入中枢神经系统可致嗜酸性粒细胞增多性脑膜脑炎，可引起头痛、头晕、发热、颈部僵硬、面部神经瘫痪等症状，严重者可致痴呆等。该病潜伏期为 3～36 天，平均 16 天，少数患者在进食螺肉数小时即有腹痛、恶心，有些患者会出现发热、打喷嚏等类似感冒症状，个别患者出现皮肤斑丘疹或荨麻疹，持续数天消失。多数患者急性起病，头痛几乎是所有患者的突出症状，间歇频繁发作，可伴有痛性感觉障碍。血常规检查中，白细胞总数正常或偏高，但嗜酸性粒细胞显著增高。

1.4.1.3 广州管圆线虫的预防控制措施

预防广州管圆线虫病的主要措施包括以下几个方面：

（1）加强宣传教育，注意饮食卫生

预防广州管圆线虫病重在加强卫生健康教育，使群众认识此病的严重性、危害性和感染途径，提高自我保健意识，不吃生的和半生的螺肉及转续宿主的肉，不进食未加热熟透的或生的含感染期幼虫的螺肉、蛙、虾、蟹、鱼、猪肉以及被污染的水、蔬菜等。在加工淡水螺时防止幼虫污染厨具或食物。

（2）加强对餐饮行业的监督管理

避免由加工过生鲜水产品所用刀具、砧板等引发的交叉污染，不用盛过生鲜水产品的器皿盛放其他直接入口食品。

（3）杜绝传染源

消灭鼠类等广州管圆线虫的终宿主，减少传染源；不用螺肉喂养家禽。

1.4.1.4　案例启示

广州管圆线虫能够侵入人体并引起嗜酸性粒细胞增多性脑膜炎或脑膜脑炎，主要流行于热带和亚热带地区。经口感染是广州管圆线虫病的主要感染途径。人类主要是通过食用未经煮熟的含感染期幼虫的螺等软体动物、蛙类、淡水鱼、虾、蟹等途径感染广州管圆线虫。应加强卫生健康教育，提高消费者自我保健意识，防止病从口入，不要吃生的和半生的螺类、蛞蝓及转续宿主蛙类、河虾等。

1.4.2　旋毛虫引发的食品安全案例

1.4.2.1　案例概述

1997—2012 年，越南发生多起旋毛虫病暴发事件，共诊断出 126 名旋毛虫病患者，11 人住院治疗，8 人死亡。所有感染病例皆因生食猪肉造成。

2013 年 3 月 15 日，云南省某地暴发一起旋毛虫病事件，共有 27 人患病，其中死亡 1 例。

1.4.2.2　旋毛虫的致病性及其危害

旋毛虫病是一种严重危害人体健康的食源性寄生虫病，主要因食生或半生含有旋毛虫幼虫囊包的猪肉及肉制品所引起。本病的病原是旋毛虫（*Trichinella spiralis*），属于线形动物门线虫纲毛首目毛形科，有 9 个种和 3 个基因型。旋毛虫成虫寄生于宿主的十二指肠和空肠前段。有可能作为人类肉食来源的旋毛虫病感染动物是人旋毛虫病的直接传染源，如猪肉、野猪肉和狗肉等。

旋毛虫病的潜伏期一般为 5～15 天，平均 10 天左右，但也有短至数小时或长达 46 天的患者。一般潜伏期越短，病情越重。旋毛虫进入人体后可出现急性期症状，主要表现为发热、面部水肿、肌肉剧烈疼痛、严重的腹泻以及嗜酸性粒细胞增多等。症状往往持续数周，造成机体严重衰竭，重度感染者可造成严重的心肌及大脑损伤而导致死亡。若感染的旋毛虫数量较少，可无症状产生或者出现慢性带虫，通常表现为原因不明的常年肌肉酸痛和乏力，重者丧失劳动能力。

1.4.2.3　旋毛虫预防控制措施

旋毛虫病的流行以散发为主，偶有集体发病，后者多为聚餐或食用同源病畜肉所引起。

预防控制措施主要包括以下几个方面。

(1) 加强旋毛虫病防控意识

改变传统不良饮食习惯,不生食或半生食猪肉及其他动物肉及其制成品,提倡加工生熟食品的刀、砧板分开,防止生肉屑污染餐具。

(2) 加强肉类检疫,阻断伴人循环旋毛虫病的传播

提倡家畜的集中屠宰,加强上市肉类及其制品的检验和管理,未经检疫的畜肉不准上市,感染旋毛虫的畜肉要坚决销毁。

(3) 改进畜饲养方法,预防家畜感染,减少传染源

提倡猪圈养及饲料加热处理,开展爱国卫生运动,消灭鼠类,最大限度杜绝家畜的感染,减少人旋毛虫病的传染源。

1.4.2.4 案例启示

旋毛虫引起的旋毛虫病是一种严重的人兽共患寄生虫病。人感染旋毛虫主要与饮食卫生习惯以及肉品烹调的方法密切相关。生食猪肉、烹调时间过短、蒸煮时间不够以及生、熟食品制作用具混用等是引起人感染的主要原因。应加强预防控制,确保肉及肉制品安全。

1.4.3 肺吸虫引发的食品安全案例

1.4.3.1 案例概述

2008年6月,浙江省台州市黄岩区发生一起食用醉蟹引起的肺吸虫病群体性暴发事件。2008年5月29日上午,台州市黄岩区某单位员工在屿头乡三联村捕捉溪蟹约2.5kg并带回单位食堂制作成醉蟹。当天中午,15人分别进食了半只到10余只数量不等的醉蟹。下午部分员工出现腹胀现象,未予重视;晚餐及第2天仍有3人食用。本次事件中共有18人食用过醉蟹,16人在食用醉蟹后几小时到一周的不同时间出现腹胀、腹痛、腹泻、发热和周身不适等,10人症状明显,在当地各家诊所、医院反复进行抗炎、止泻治疗无明显好转,其中3人因症状较重住院治疗。

2013年10月,浙江省松阳县发生一起因参加农家乐餐馆聚餐食用腌制溪蟹引起的肺吸虫病聚集性疫情。前后2次共有13人食用过腌制溪蟹,在聚餐后5h首先开始出现腹胀、全身不适1例,2天后出现腹痛、腹泻、发热等症状,陆续出现类似症状者共8例。

1.4.3.2 肺吸虫的致病性及其危害

肺吸虫病又称并殖吸虫病,是由卫氏并殖吸虫幼虫、成虫在组织器官中移行、窜扰、定居或斯氏并殖吸虫的幼虫在人体内移行所引起的一种人畜共患寄生虫病。肺吸虫属于扁形动物门吸虫纲,种类繁多,常见的是卫氏并殖吸虫(*Paragonimus westermani*)和斯氏并殖吸虫(*Paragonimus skrjabini*)。卫氏并殖吸虫引起的以肺部病变为主的全身性疾病,主要临床表现为食欲不振、腹痛、腹泻、发热、咳嗽、胸痛等症状。成虫寄生在肺脏后,会出现咳嗽、咯血、胸痛等,如侵犯脑脊髓、肝和皮下等时,则会出现肺外症状;而斯氏型肺吸虫病是由斯氏肺吸虫引起的,以"幼虫移行症"为主要临床表现,引起游走性皮下结节,如侵犯肝、眼、脑脊髓等时,也可引起肺外症状。

1.4.3.3 肺吸虫的预防控制措施

人群对肺吸虫病普遍易感，主要因误食含有肺吸虫囊蚴的淡水蟹类、蝲蛄类或饮用含有囊蚴的生水而感染且其临床表现不具有特异性，极易误诊。预防控制措施主要包括以下几个方面。

（1）加强健康教育

杜绝病从口入，防止食入生或半生的溪蟹、蝲蛄和野生动物的肉类。

（2）加强食品安全监督管理

餐桌上的溪蟹、蝲蛄等可能导致食源性寄生虫病的动物必须烧熟蒸透，杜绝餐馆将上述半熟的食品进行销售。

（3）提倡科学烹饪

食品加工过程中生、熟食要分开，不共用砧板、厨具等，避免交叉污染。

1.4.3.4 案例启示

卫氏并殖吸虫、斯氏并殖吸虫等引发的肺吸虫病是一种人兽共患寄生虫病，临床表现主要有发热、咳嗽、胸痛、咳痰等。应加强消费者宣传教育，加强食品安全监督管理，提倡科学烹饪饮食，减少肺吸虫病的发生和传播。

思考题

1. 引发食品安全问题的常见寄生虫有哪些？
2. 如何控制寄生虫引发的食品安全问题？

参考文献

Bettelheim K A, 2007. The non-O157 shiga-toxigenic (Verocytotoxigenic) *Escherichia coli*: under-rated pathogens[J]. Critical Reviews in Microbiology, 33 (1): 67-87.

Canada Public Health Agency, 2020. Public Health Notice: Outbreak of Vibrio parahaemolyticus infections linked to shellfish[EB/OL]. (2020-12-09) [2022-04-17]. https://www.canada.ca/en/public-health/services/public-health-notices/2020/outbreak-vibrio-parahaemolyticus-infections-linked-shellfish.html.

Centers for disease control and prevention (CDC), 2007. Multistate outbreak of *E. coli* O157 infections linked to topp's brand ground beef patties (final update) [EB/OL]. (2007-10-26) [2022-04-17]. https://www.cdc.gov/ecoli/2007/ground-beef-patties-10-26-2007.html.

Centers for disease control and prevention (CDC), 2009a. Multistate outbreak of *Salmonella* typhimurium infections linked to peanut butter, 2008-2009 (final update) [EB/OL]. (2009-05-11) [2022-04-17]. https://www.cdc.gov/salmonella/2009/peanut-butter-2008-2009.html.

Centers for disease control and prevention (CDC), 2009b. Multistate outbreak of *E. coli* O157: H7 infections associated with beef from JBS Swift Beef Company (final update) [EB/OL]. (2009-07-01) [2022-04-17]. https://www.cdc.gov/ecoli/2009/beef-jbs-swift-7-1-2009.html.

Centers for disease control and prevention (CDC), 2010. Multistate outbreak of human *Salmonella* Enteritidis infections associated with shell eggs (final update) [EB/OL]. (2010-10-2) [2022-04-17] https://www.cdc.gov/salmonella/2010/shell-eggs-12-2-10.html.

Centers for disease control and prevention (CDC), 2012. Multistate outbreak of *Salmonella* Bareilly and *Salmonella* Nchanga infections associated with a raw scraped ground tuna product (Final Update) [EB/OL]. (2012-7-26) [2022-04-17]. https://www.cdc.gov/salmonella/bareilly-04-12/index.html.

Centers for Disease Control and Prevention (CDC), 2012. Multistate outbreak of listeriosis linked to Whole Cantaloupes from Jensen Farms, Colorado (final update) [EB/OL]. (2012-08-27) [2022-04-17]. https://www.cdc.gov/listeria/outbreaks/cantaloupes-jensen-farms/index.html.

Centers for Disease Control and Prevention (CDC), 2015. Multistate outbreak of *Salmonella* Paratyphi B variant L (＋) tartrate (＋) and *Salmonella* weltevreden infections linked to frozen raw tuna (final update) [EB/OL]. (2015-08-19) [2022-04-17]. https://www.cdc.gov/salmonella/paratyphi-b-05-15/index.html.

Centers for Disease Control and Prevention (CDC), 2016. Multistate outbreak of *Salmonella* poona infections linked to imported cucumbers (final update) [EB/OL]. (2016-03-18) [2022-04-17]. https://www.cdc.gov/salmonella/poona-09-15/index.html.

Desjardins A. 2003. Mycotoxins: risks in plant, animal and human systems [J]. AAHE-ERIC/Higher Education Research Report, 9 (7): 48-50.

Dong P, Xiao T, Nychas G E, et al, 2020. Occurrence and characterization of Shiga toxin-producing *Escherichia coli* (STEC) isolated from Chinese beef processing plants [J]. Meat Science, 168: 108188.

EFSA, 2011. Shiga toxin-producing *E. coli* (STEC) O104: H4 2011 outbreaks in Europe: Taking Stock [J]. EFSA Journal, 9 (10): 2390.

EFSA, 2018. Evaluation of the safety and efficacy of the organic acids lactic and acetic acids to reduce microbiological surface contamination on pork carcasses and pork cuts [J]. EFSA Journal, 16 (12): e05482.

French Public Health Agency, 2019. Épidémie de Salmonellose à *Salmonella* enterica sérotype Agona chez des nourrissons en France - Point au 9 janvier 2018 [EB/OL]. (2019-05-20) [2022-04-17]. https://www.santepubliquefrance.fr/les-actualites/2018/epidemie-de-salmonellose-a-salmonella-enterica-serotype-agona-chez-des-nourrissons-en-france-pointau-9-janvier-2018.

Lang C, Zhang Y, Mao Y, et al, 2021. Acid tolerance response of *Salmonella* during simulated chilled beef storage and its regulatory mechanism based on the PhoP/Q system [J]. Food Microbiology, 95: 103716.

Linnan M J, Mascola L, Lou X D, et al, 1988. Epidemic listeriosis associated with Mexican-style cheese [J]. New England Journal of Medicine, 319 (13): 823-828.

GB 2761—2017. 食品安全国家标准 食品中真菌毒素限量 [S].

Nana F, 徐黎, 郝云彬, 等, 2004. 近年来国内重大食品安全案例的回顾及分析 [J]. 食品科技 (6): 7-9.

Nastasijevic I, Mitrovic R, Buncic S, 2009. The occurrence of *Escherichia coli* O157 in/on faeces, carcasses and fresh meats from cattle [J]. Meat Science, 82 (1): 101-105.

Public Health Agency of Canada, 2020. Public Health Notice: Outbreak of Vibrio parahaemolyticus infections linked to shellfish [EB/OL]. (2020-12-09) [2022-04-17]. https://www.canada.ca/en/public-health/services/public-health-notices/2020/outbreak-vibrio-parahaemolyticus-infections-linked-shellfish.html.

Schlech Ⅲ W F, Lavigne P M, Bortolussi R A, et al, 1983. Epidemic listeriosis—evidence for transmission by food [J]. New England Journal of Medicine, 308 (4): 203-206.

Swaminathan B, Gerner-smidt P, 2007. The epidemiology of human listeriosis. Microbes and infection [J]. 9 (10): 1236-1243.

Valilis E, Ramsey A, Sidiq S, et al, 2018. Non-O157 Shiga toxin-producing *Escherichia coli*-A poorly appreciated enteric pathogen: Systematic review [J]. International Journal of Infectious Diseases, 76: 82-87.

World Health Organization, 2017. *Salmonella* contamination of infant formula [EB/OL]. (2017-12-22) [2022-04-17]. https://www.euro.who.int/en/countries/france/news/news/2017/12/salmonella-contamination-of-infant-formula.

Yang S, Pei X, Wang G, et al, 2016. Prevalence of food-borne pathogens in ready-to-eat meat products in seven different Chinese regions [J]. Food Control, 65: 92-98.

Zhu Y, Gu L, Yu J, et al, 2009. Analysis on the epidemiological characteristics of *Escherichia coli* O157:H7 infection in Xuzhou, Jiangsu, China, 1999 [J]. Journal of Nanjing Medical University, 23 (1): 20-24.

陈刚山，吴开华，常俊丽，2003.一起赤霉病麦致食物中毒的调查报告[J].河南预防医学杂志，14（6）：366.

陈宁庆.2001.实用生物毒素学[M].北京：中国科技出版社.

崔京辉，李达，王永全，等，2006.2004—2005年北京市食品中单核细胞增生性李斯特菌的污染状况调查[J].中国卫生检验杂志，16（12）：1508-1509.

代长宝，2017.肉牛屠宰过程中单核细胞增生李斯特菌的流行特点调查及溯源分析[D].泰安：山东农业大学.

董鹏程，2012.沙门氏菌和大肠杆菌O157:H7在肉牛屠宰过程中的流行特点及其生物学特性的研究[D].泰安：山东农业大学.

冯华炜，艾海新，杨天舟，等，2019.小浆果中食源性甲型肝炎病毒和诺如病毒流行状况及检测方法的研究进展[J].食品科学，40（19）：307-317.

广东省卫生健康委员会，2020.广东省卫生健康委公布2020年6月全省突发公共卫生事件信息[EB/OL].（2020-07-15）[2022-04-17]. http://wsjkw.gd.gov.cn/zwyw_yqxx/content/post_3044884.html.

国家质量监督检验检疫总局，2012.蒙牛奶被查出强致癌物[J].畜牧兽医科技信息（1）：1.

湖南省郴州市苏仙区市场监督管理局，2015.解读单核细胞增生李斯特菌食物中毒（二）——关于美国食用问题冰淇淋致死事件[EB/OL].（2015-10-27）[2022-04-17]. http://www.hnsx.gov.cn/4148/content_960706.html.

黄建珍，高彦生，1996.英国疯牛病风波.中国进出境动植检（2）：24-25.

健康中国网.食品安全风险解析：解读沙门氏菌食物中毒[EB/OL].（2015-09-04）[2021-04-17]. http://health.china.com.cn/2015/09/04/content_8209055.htm.

居正华，1976.黄曲霉毒素中毒引起的肝炎——印度西部的一次爆发[J].蚌埠医学院学报，1（1）：58.

劳文艳，林素珍，2011.黄曲霉毒素对食品的污染及危害[J].北京联合大学学报（自然科学版），25（1）：64-69.

李超，任瑞琦，黎丹，等，2018.2016—2018年中国大陆人感染高致病性H7N9禽流感疫情和死亡病例分析[J].疾病监测，33（12）：985-989.

李群伟，李晓梅，侯海峰，2005.粮食中DON含量与手骨关节炎严重程度关系的研究[J].中国地方病防治杂志，20（6）：333-335.

吕晓星，丁国华，任文辉，1996.英国"疯牛病"危害严重[J].湖南农业（6）：1.

阮卫，林春萍，姚立农，等，2009.一起肺吸虫病群体暴发的调查报告[J].疾病监测，24（12）：978-979.

上观新闻，1988：我们这样把甲肝赶出申城[EB/OL].（2022-05-09）[2022-03-18]. https://www.shobsever.com/news/detail?id=206644.

石海岗，周华英，2005.食用赤霉病麦中毒原因调查[J].现代预防医学，32（9）：1165.

世界卫生组织，2018.禽流感及其他人畜共患型流感[EB/OL].（2018-11-13）[2022-03-18]. https://www.who.int/zh/news-room/fact-sheets/detail/influenza-（avian-and-other-zoonotic）.

王春泉，吴方伟，王兴荣，等，2013.云南省澜沧县一起旋毛虫病暴发的调查[J].中国热带医学，13（11）：1433-1434.

王军，郑增忍，王晶钰，2007.动物源性食品中沙门氏菌的风险评估[J].中国动物检疫，24（4）：23-25.

王玉梅，起云亮，2016.2015年云南省洱源县起胜村旋毛虫病暴发疫情分析[J].职业卫生与病伤，31（1）：61-62.

王中全，崔晶，2008.旋毛虫病的诊断与治疗[J].中国寄生虫学与寄生虫病杂志，26（1）：53-57.

卫生应急办公室，2013.上海、安徽发生3例人感染H7N9禽流感确诊病例[EB/OL].（2013-03-31）[2022-05-30]. http://www.nhc.gov.cn/yjb/s3578/201303/1d2509cd264c4e36af1dc5505d4ba577.shtml.

吴诗品，2017.从近期美国加利福尼亚州甲型病毒性肝炎流行看其预防的长期性和复杂性[J].新发传染病电子杂志，2（4）：193-195.

夏良，永良，荣富，等，2014.一起食用腌制溪蟹引起肺吸虫病聚集性疫情的调查[J].疾病监测，29（9）：758-759.

谢德良，2008."问题大米"逼日本农相下台[N/OL].（2008-09-23）[2021-04-17]. http://qnck.cyol.com/content/2008-09/23/content_2369622.htm.

辛化，1999.从"疯牛病"到"污染鸡"——人类食品安全的警告.经济世界（10）：3.

邢维媚，芦亚君，2018.1968—2017年我国广州管圆线虫感染及流行因素分析[J].疾病预防控制通报，33（6）：38-43.

徐本锦，李新平，王新，等，2012.陕西杨凌区市售食品中单核细胞增生李斯特菌污染状况的调查与分析[J].西北农林科技大学学报（自然科学版），40（10）：129-134.

徐国群，高振波，王宇，2015.日本控制疯牛病的成功经验与启示[J].广东畜牧兽医科技，40（6）：1-4.

徐善兴，汪炎雄，1990.从上海甲肝暴发流行谈大卫生观念与健康道德[J].中国医学伦理学，3（3）：17-20,25.

央视网, 2015.《焦点访谈》20150507 "土榨油"靠谱吗?[Z/OL].(2015-05-07)[2021-04-17]. http://tv.cctv.com/2015/05/07/VIDE1431004318972879.shtml.

杨晨, 郭蓉, 苏永霞, 等, 2020. 黄曲霉毒素及其中毒病的发现与毒性危害监管与防控[C]//陕西省毒理学会防控瘟疫与毒物危害学术研讨会论文集. 西安: 陕西毒理学会: 49-55.

姚宝忠, 张力, 尚丹, 2007. 广州管圆线虫病及其防治[J]. 中国公共卫生, 23(10): 1271-1272.

叶夏良, 雷永良, 陈荣富, 等, 2014. 一起食用腌制溪蟹引起肺吸虫病聚集性疫情的调查[J]. 疾病监测, 29(9): 758-759.

俞顺章, 2017. 甲型肝炎流行促进了"大卫生"的诞生[J]. 上海预防医学, 29(1): 1-3.

翟铖铖, 陈家旭, 陈韶红, 等, 2015. 全球人体旋毛虫病的暴发情况分析[J]. 中国人兽共患病学报, 33(11): 1018-1023.

张昕, 欧剑鸣, 冉陆, 2008. 2008年美国圣保罗沙门菌暴发疫情报告[J]. 中国食品卫生杂志, 20(5): 3.

赵海珠, 杨景伟, 白永胜, 等, 1989. 呕吐毒素食物中毒的调查报告[J]. 中国食品卫生杂志, 1(3): 63-64.

甄阳光, 柏凡, 张克英, 等, 2009. 我国主要饲料原料及产品中呕吐毒素污染分布规律研究[J]. 中国畜牧杂志(8): 21-24.

中国疾病预防控制中心, 2005. 我国人禽流感疫情预防控制技术指南(试行)[EB/OL].(2005-11-08)[2022-05-30]. http://www.chinacdc.cn/jkzt/crb/zl/rgrgzbxqlg/jszl_2207/200511/t20051108_24365.html.

中国疾病预防控制中心, 2006. 广州管圆线虫病的预防[EB/OL].(2006-08-23)[2022-06-02]. http://www.chinacdc.cn/jkzt/crb/qt/gzgyxcb/jszl/200608/t20060823_24761.html.

中国疾病预防控制中心, 2009. 旋毛虫病预防知识问答[EB/OL].(2009-04-30)[2022-03-18]. https://www.chinacdc.cn/rdwd/200904/t20090430_41045.html.

中国疾病预防控制中心病毒病预防控制所, 2012. 病毒性甲型肝炎[EB/OL].(2012-09-29)[2022-03-18]. https://ivdc.chinacdc.cn/bdbzsjs/gyfkzs/201209/t20120929_69853.htm.

中国疾病预防控制中心寄生虫病预防控制所, 2016. 旋毛虫病[EB/OL].(2016-12-04)[2022-06-02]. http://www.ipd.org.cn/know13.html.

中国政府网, 2014. 我国获世界动物卫生组织(OIE)疯牛病风险可忽略认证[EB/OL].(2014-06-01)[2022-05-30]. http://www.gov.cn/xinwen/2014-06/01/content_2691718.htm.

中华人民共和国农业农村部, 2017. 农业部关于印发《国家牛海绵状脑病风险防范指导意见》的通知[EB/OL].(2017-07-20)[2022-03-18]. http://www.moa.gov.cn/nybgb/2017/dqq/201801/t20180103_6133917.htm.

中华人民共和国中央人民政府, 2005. 怎样预防和治疗甲型肝炎[EB/OL].(2005-07-07)[2022-03-18]. http://www.gov.cn/banshi/2005-07/07/content_12707.htm.

中华人民共和国中央人民政府, 2013. 上海、安徽发生3例人感染H7N9禽流感确诊病例[EB/OL].(2013-03-31)[2022-03-18]. http://www.gov.cn/gzdt/2013-03/31/content_2366911.htm.

第 2 章

农用化学品污染引发的食品安全案例

学习目标

1. 了解农药残留、兽药违规使用及残留、抗生素残留、除草剂残留等农用化学品污染引发的食品安全案例。
2. 掌握兽药残留以及养殖过程中违规使用的危害。
3. 掌握如何预防和控制农药、兽药、抗生素、除草剂残留。

学习重点

1. 农药残留、兽药违规使用及残留、抗生素残留、除草剂残留引发的食品安全案例及发生原因。
2. 农用化学品污染的预防和控制措施。

本章导引

以农用化学品污染引发的食品安全经典案例启发学生,在讲解案例的过程中,引入国家战略和行业需求;理解在保证食品数量安全后如何对待食品质量安全,如何结合食品安全的阶段性特点分析食品安全案例。

2.1 农药污染

2.1.1 有机磷农药引发的食品安全案例

2.1.1.1 案例概述

2007 年 12 月 17 日,云南省某村村民招待客人,误用被有机磷农药污染的糯米粉制作汤圆,导致 23 名食用汤圆的村民出现恶心、呕吐、头晕、四肢乏力、面色苍白等症状,而未食用汤圆的村民身体正常。

从 2010 年 4 月 1 日开始,青岛某些医院陆续接收到有头疼、恶心和腹泻症状的 9 名患者,检查后发现属于有机磷农药中毒,经调查,这些患者均食用了有机磷农药严重超标的韭菜，经救治，患者已经恢复健康。

青岛工商部门成立了流动执法小组，先后检查农产品批发、零售市场、商场超市和农村集市1650个（次），检查蔬菜经营业户39138户（次），查验入市蔬菜等农产品索证索票89000余份，监督销毁农药残留超标韭菜1930kg。

2010年4月9日，青岛市工商行政管理局针对本次事件，组织召开了新闻发布会，介绍了相关情况。据工商局市场处的负责人介绍，由于受季节变换以及气温升高的影响，蔬菜的病虫害到了高发期，为了防治虫害，菜农加大了用药量和用药频率，蔬菜中农药残留超标情况开始增多。

为了防治病虫并保证效果，部分农户往往选择高效、低成本的化学防治措施，如违规使用国家明令禁止使用的有机磷农药，而这些有机磷农药又无法在短期内代谢，从而导致了有机磷农药残留。

2.1.1.2 有机磷农药的致病性及其危害

有机磷指含有碳-磷键的有机化合物，很多农药中都含有有机磷化合物成分。有机磷农药指的是含有磷元素的有机化合物农药，多为油状液体，有大蒜味，挥发性强，微溶于水，遇碱破坏。

有机磷农药种类很多，一般来说，可以根据其毒性强弱分为高毒、中毒和低毒3类。高毒类有机磷农药如对硫磷（禁止使用，中华人民共和国农业部公告第322号）、甲拌磷（2022年9月1日起禁止销售和使用，农业农村部公告，第536号）、磷胺（禁止使用，中华人民共和国农业部公告第322号）等；中毒类有机磷农药如敌敌畏、甲基对硫磷（禁止使用，中华人民共和国农业部公告第322号）等；低毒类有机磷农药如敌百虫、乐果（限制使用，中华人民共和国农业部公告第2552号）等。

中华人民共和国农业农村部公告（第536号）：自2022年9月1日起，撤销甲拌磷、甲基异柳磷、水胺硫磷、灭线磷原药及制剂产品的农药登记，禁止生产。已合法生产的产品在质量保证期内可以销售和使用，自2024年9月1日起禁止销售和使用。

有机磷农药中毒是一种常见的农药中毒，症状出现的时间和严重程度与农药性质、吸收量以及人体的健康情况等密切相关。一般来说，有机磷农药急性中毒多在12h内发病。根据中毒程度，可以划分为轻度中毒、中度中毒和重度中毒3个等级。轻度中毒，症状主要表现为恶心、呕吐、头晕头疼、胸闷、疲劳、视力模糊和瞳孔缩小等症状。中度中毒，主要症状为轻度呼吸困难、肌肉震颤、瞳孔收缩，但是患者意识是清醒的。重度中毒，则体现为昏迷、脑水肿等，患者会产生严重的呼吸困难、肺水肿及肌肉僵硬等现象。

2.1.1.3 引发有机磷农药中毒的主要食品类别

有机磷农药在很多水果蔬菜种植过程中都会用到，可能被有机磷农药污染的瓜果蔬菜主要有韭菜、芹菜、小白菜、菠菜、生菜、苹果、梨、黄瓜、胡萝卜、冬瓜、南瓜、西葫芦、茄子、萝卜等。

2.1.1.4 有机磷农药的预防控制措施

（1）从源头上进行控制

在种植环节超范围或者超量使用农药，会导致食品安全问题。监管部门应该加强对种植户使用农药的管理,对违规使用农药的行为进行严格查处,从源头上进行控制。

(2) 强化生产经营者主体责任

种植户应对自己生产的产品负主要责任,对自己生产经营的全过程进行控制,提高生产经营者的诚实守信水平和自觉守法意识,合法合规使用农药。

(3) 加强宣传和教育力度

应加强农药使用方法及不当使用导致的危害的宣传,提醒使用者做好个人安全防护措施。通过各种宣传、讲座、咨询和服务公共互动平台,让种植户认识到农药残留超标问题的严重性。另外,要向群众说明有机磷农药中毒的早期症状,以免延误治疗。

(4) 使用合理的清洗方法,预防有机磷农药中毒

① 去皮法 相对来说,瓜果蔬菜表面的农药残留量较多,所以对果蔬进行去皮,是一种较好去除残留农药的方法。

② 浸泡水洗法 一般来说,有机磷类农药难溶于水,使用清水浸泡的方法只能除去部分污染的农药。使用清水浸泡冲洗,是清除果蔬上的污物和去除部分残留农药的基础方法,主要用于叶类蔬菜的清洗,如小白菜、菠菜、生菜等。具体方法是先用水冲洗掉表面污物,然后用清水浸泡,浸泡时间最好在 10min 以上,这样可以增加残留农药的溶出,浸泡后再使用流水冲洗 2~3 遍。

③ 碱水浸泡法 有机磷农药在碱性环境下会加快分解速度,因此各类蔬菜瓜果的清洗可以使用碱水浸泡的方法。具体方法是先将表面污物冲洗干净,浸泡到碱水中,碱水可以按照 100mL 水中加入食用小苏打 2g 左右的比例制备,浸泡 10min 以上,然后用清水冲洗干净。

④ 储存法 有机磷农药的生物半衰期为 7~10 天,随着存放时间的延长,有机磷农药能够缓慢地分解,减少农药残留量,这种方法适用于苹果、猕猴桃、冬瓜等不易腐烂的种类。

2.1.1.5 案例启示

有机磷农药的使用给环境和人类健康带来巨大的危害。因此,生产者应严格遵守用药规范,不得违规使用已明令禁止使用的农药,重视有机磷农药残留的检测,加强农药使用方法及不当使用导致的危害的宣传,提醒使用者做好个人安全防护措施,降低有机磷农药的危害。

2.1.2 有机磷除草剂残留引发的食品安全案例

2.1.2.1 案例概述

2017 年 10 月,陕西省食品药品监督管理局(现陕西省市场监督管理局)抽检 6 类食品 158 批次样品,发现不合格样品 4 批次。其中,标称陕西省商南县某茶叶专业合作社生产的商南绿茶(精品),被检出草甘膦超标。

2018 年,美国环保组织环境工作组(Environmental Working Group, EWG)发布了市场上 45 款用常规种植燕麦制成的燕麦、即食燕麦等谷物产品的检测报告,结果表明绝大部分产品中均含有有机磷除草剂——草甘膦。这些样本产品在燕麦种植期

间喷洒了除草剂,某几款知名燕麦品牌产品均在列,引发了消费者对食品安全的担忧。

2.1.2.2 有机磷除草剂的致病性及其危害

有机磷除草剂是指含磷元素的一类有机化合物农药,主要用于防治植物杂草。多为油状液体,有大蒜味,挥发性强,微溶于水,遇碱易受到破坏,实际应用中应选择高效低毒及低残留品种。有机磷除草剂是近年来使用较为广泛的除草剂,目前,有机磷除草剂在我国农药使用中的份额占比达到70%,具有应用效果极为显著、成本较低等优点,但其在农业生产中的广泛使用,导致农作物中发生不同程度的残留。有机磷除草剂对人体的危害以急性毒性为主,多发生于大剂量或反复接触之后,会出现一系列神经中毒症状,严重者会出现呼吸麻痹,甚至死亡。目前,绝大多数的中毒是误服或其残留所引起。有机磷除草剂进入人体后通过血液、淋巴很快运送至身体各个器官,以肝含量最多,肾、肺次之,肌肉及脑组织中含量少,其毒理作用是抑制人体内乙酰胆碱酯酶的活力,使之失去分解乙酰胆碱的能力,使乙酰胆碱在体内积累过多,对人畜的毒性较大。有机磷除草剂中毒的死因主要是中枢性呼吸衰竭、呼吸肌瘫痪而窒息,以及支气管腔内积贮黏液、肺水肿等中毒症状加重,从而导致呼吸衰竭,促进死亡。

① 轻度中毒。短时间内接触较大量的有机磷农药后,24h内出现头晕、头痛、恶心、呕吐、多汗、胸闷、视力模糊、无力等症状,瞳孔可能缩小。全血胆碱酯酶活性一般在50%~70%。

② 急性中度中毒。除上述轻度中毒症状外,还有肌束震颤、瞳孔缩小,轻度呼吸困难、流涎、腹痛腹泻、步态蹒跚、意识清楚或模糊。全血胆碱酯酶活性一般在30%~50%。

③ 急性重度中毒。除上述轻度和中度中毒症状外还出现昏迷、抽搐、呼吸困难、口吐白沫、肺水肿、瞳孔缩小、大小便失禁、惊厥、呼吸麻痹等。全血胆碱酯酶活性一般在30%以下。

2.1.2.3 有机磷除草剂的预防控制措施

有机磷农药进入人体后产生代谢,代谢途径主要是氧化和水解,而有机磷除草剂具有相似的结构,进入人体后代谢产物为相似的二烷基磷酸酯类。在临床诊疗中,仅检测某种代谢产物无法准确判断中毒种类,而直接检测人体体液中原药含量可直观证明患者农药中毒的种类和程度,为医生制订诊疗方案提供有力支撑。

浸泡水洗法:果蔬污染的农药品种中有机磷除草剂较常检出,但有机磷除草剂一般难溶于水,此种方法仅能除去果蔬表面部分污染的农药。但水洗是清除水果蔬菜上其他污物和去除残留农药的基础方法,果蔬清洗剂可增加农药的溶出,因此浸泡时可加入少量果蔬清洗剂。浸泡后要用流水冲洗2~3遍,然后在太阳下适度晾晒,晒干水分。

2.1.2.4 案例启示

除草剂在农业生产中的使用范围较广,如果处理不当就会带来食品安全风险。因此,作为农业生产者,要严格按照除草剂的使用说明,防止用量过大或使用方法不当造成蔬菜残留或土壤污染;作为食品消费者,买回的蔬菜要彻底清洗干净,防止因表面沾染而引发食品安全事件。

2.1.3 扑草净除草剂引发的食品安全案例

2.1.3.1 案例概述

2012年4~8月,日本查出从我国进口的3种贝类产品中农药扑草净残留超标,共计14批次,其中浅蜊11批次,蛏子2批次,文蛤1批次。

2020年5月,浙江省台州市公安局侦破一起制售伪劣农药案,抓获犯罪嫌疑人18名,现场查获伪劣除草剂农药8万余包、商标包材6.3万件以及大量生产原料。经查,犯罪嫌疑人刘某某等人在未取得农药生产相关资质的情况下,采取添加隐形农药成分扑草净等方式,冒充正规厂家生产伪劣除草剂类农药80余种并对外销售,涉案总价值7600余万元。

2.1.3.2 扑草净的致病性及其危害

扑草净为内吸传导型除草剂。纯品为白色结晶,易溶于有机溶剂。常温下稳定,在强酸和强碱下水解。不燃烧、无腐蚀性、低毒性。扑草净是一种均三氮苯类除草剂,近年来被广泛应用于水产养殖中,在清除水体青苔和杂草方面卓有成效,但因其具有较难降解的特性而对养殖水环境存在着污染隐患。扑草净对养殖水体中的水生生物具有一定的急性毒性,其对水草和藻类属于高毒物质,对鱼、虾类的毒性介于中毒和高毒之间,并可通过藻类间接影响鱼虾的生长代谢。

扑草净常用于农业防除禾本科及阔叶杂草,并在水产养殖业违规使用以清除青苔等有害藻类和水草,其性质稳定难降解,可通过食物链对人体产生危害。扑草净及其种类繁多、结构多样的降解代谢产物长期暴露,可能引起潜在毒性效应及水域生态环境群落的衰退。

2.1.3.3 扑草净的预防控制措施

(1) 对接国外相关标准,加强安全预警

及时对接水产品目的地国家的扑草净农药相关标准,跟踪相关国家在农药安全监测与标准动态变化动向,提出安全预警措施,及时反馈给相关出口企业,规避出口风险。我国曾允许扑草净用于水产养殖,但目前只是作为除草剂使用,且尚未制定扑草净在动物性食品中最高残留限量标准。我国与农药扑草净相关的标准有食品中扑草净残留检测方法3个、扑草净原药标准1个、扑草净可湿性粉剂标准1个。《食品中扑草净残留量的测定方法》(GB/T 18629—2002)规定了使用液相色谱法测定蔬菜、水果及粮食中扑草净残留量的检测方法,扑草净残留量的最低检出浓度为0.02mg/kg。根据最新发布的《食品安全国家标准 食品中农药最大残留限量》(GB 2763—2021),扑草净的每日容许摄入量(ADI)为0.04mg/kg(以体重计),在谷物、油脂、蔬菜、调味料中最大残留限量范围为0.02~0.5mg/kg。

(2) 严管国内水产品安全限量及安全评估

加强对国内水产品中扑草净残留的安全评估,加大技术研究力度,完善扑草净在多种水产品中的药代动力学、生物毒性和代谢等的研究,完整评估鱼类、贝类、虾类中残留扑草净的食用安全性评价,确定其安全限量标准,为制定鱼类、贝类及虾类的食品安全相关标准提

（3）强化重点水产品的监测和检查

我国是水产品产销大国，鱼类、贝类和虾类等一直是出口日本等国的重点水产品，因此需要进一步强化水产品的监测力度和检查水平，定期对该大宗水产品进行安全监测。此外，从养殖和捕获的源头出发，加强对水产品生长环境和生长过程管理，严格控制扑草净用作水产养殖中的"水质改良剂"，建立鱼、虾、贝、蟹等重点出口水产品的安全养殖规范，确保水产品质量达标，避免养殖水产品因扑草净超标导致产品不合格和出口损失。

2.1.3.4 案例启示

消费者在购买鱼类、贝类和虾类产品时一定要从正规大企业购买，不购买来路不明的产品，在加工时充分清洗干净，并去除内脏等容易残留扑草净除草剂的部位，从而尽可能避免食物中毒。

2.1.4 乙草胺除草剂引发的食品安全案例

2.1.4.1 案例概述

2015年央视财经记者随机在北京某农产品批发市场、某超市、某采摘园以及路边的草莓摊，购买了8份草莓样品，送到北京农学院进行检测。经过工作人员检测后，发现8份样品中全部都含有农药乙草胺。新闻报道之后，引发红火的草莓销售市场迅速遇冷，各地对草莓的恐慌迅速传导到主产区，导致种植户损失惨重。

2015年2月，广西某一女子出现恶心、呕吐等中毒现象。在现场提取受害人家中的青菜、受害人菜地种植的青菜以及嫌疑人家中农药喷雾器内液体进行检验，得出的结果是由于草甘膦和乙草胺混合使用导致的农药中毒。

2.1.4.2 乙草胺的致病性及其危害

乙草胺 [$2'$-乙基-$6'$-甲基-N-(乙氧甲基)-2-氯代乙酰胺] 为酰胺类除草剂，用于油菜、玉米、棉花等大田作物的封闭除草，主要防除一年生禾本科杂草。乙草胺纯品为淡黄色液体，原药因含有杂质而呈现深红色。其性质稳定，不易挥发和光解，不溶于水，易溶于有机溶剂。乙草胺消耗量大，施用范围广，已被美国环境保护署列为B2类致癌物。

乙草胺作为一种酰胺类除草剂，其中毒机制主要是在肝内经非特异性酰胺酶作用，迅速水解为相应的酸或在某些情况下以原形排出，从而影响机体组织所需的氧气量，导致窒息及死亡。常见的中毒症状有恶心、呕吐、腹泻、口腔黏膜损害，严重者出现肝、肾衰竭。神经系统方面可出现头疼、头昏。此酰胺类除草剂可导致高铁血红蛋白症，出现化学性发绀、血压下降、呼吸抑制、大小便失禁等。乙草胺中毒尚无特效解药，在进行内科常规急救的同时，应尽快进行血液净化疗法，将人体内的毒素吸附出体外。

2.1.4.3 乙草胺的预防控制措施

在生产乙草胺过程中实现生产设备机械化、管道化、密闭化、自动化；设置有效的通风装置；及时检修设备，严格操作规程，杜绝"跑、冒、滴、漏"现象。在运输、销售过程中必须遵守相关规定。运输前应先检查包装容器是否完整、密封，运输过程中要确保容器不泄漏。严禁与酸类、氧化剂、食品及食品添加剂混运。运输途中应防暴晒、雨淋。公路运输时要按规定路线行驶，勿在居民区和人口稠密区停留。生产工人应正确使用个人防护用品。使用农药后要及时更换衣服，洗澡清洁皮肤。要妥善保管农药，做好废弃农药、容器的安全处理，避免儿童接触。

2.1.4.4 案例启示

消费在购买鲜活农产品时，可以首先从食品气味上进行辨别，有些除草剂有臭味、异味或芳香味等，这些区别于普通果蔬的正常气味是简单分辨除草剂残留的方法。另外，购置的果蔬要充分清洗，从而尽可能避免食品安全事件发生。

> **思考题**
>
> 1. 毒韭菜产生的主要原因是什么？
> 2. 有机磷农药主要有哪些种类？
> 3. 有机磷农药中毒的主要临床症状有哪些？
> 4. 如何预防有机磷农药导致的食物中毒？

2.2 兽药残留

2.2.1 兽药镇静剂残留引发的食品安全案例

2.2.1.1 案例概述

1999年9月14日，广州某工地食堂发生了一起食物中毒事件，其中3人因症状严重被紧急送往医院治疗，经流行病学调查及理化分析检验，确认患者是由于食用了含有氯丙嗪的菜而导致食物中毒。

氯丙嗪又名冬眠灵，属镇静剂类药物，可作用于中枢神经系统，故被作为中枢多巴胺受体的阻断剂，具有镇静、催眠、镇吐、抗晕眩等功效。氯丙嗪被一些养殖户违规添加至家畜饲料中，目的是通过抑制家畜运动来达到"短期育肥"的目的，或在家畜长途运输过程中减少其应激反应，进而降低死亡率。氯丙嗪药物滥用造成其在动物体内大量残留，并通过食物链进入人体，长期蓄积会引发人体食物中毒、肝和肾病变等，直接危害人体健康。

2021年4月30日，重庆市市场监督管理局发布2021年第21号食品安全抽检通告，在对24类食品1074批次样品的抽检中，共检出不合格样品29批次。多款产品被检出禁用兽药成分，如合川区隆兴镇某米粉馆销售的花鲢鱼，检出地西泮。

2.2.1.2 兽药镇静剂的致病性及其危害

地西泮又名安定，为镇静剂类药物，主要用于焦虑、镇静催眠，还可用于抗癫痫和抗惊厥，是兽医临床上用来减轻或消除动物狂躁不安，使动物恢复平静的药物。地西泮在动物性食品中不得检出。地西泮可以降低新鲜活鱼对外界的感知能力，降低新陈代谢，保证其运输后仍然鲜活，但地西泮在鱼体内残留是永久性的，它可以通过食物链传递给人类。地西泮超过一定剂量会引起人体嗜睡疲乏、动作失调、精神错乱等。

兽药镇静剂是临床常用的能使动物中枢神经系统产生轻度抑制、减弱机能活动，从而起到消除躁动不安、恢复安静作用的一类药物。按其化学结构式和性质，主要可分为吩噻嗪类、喹唑酮类等。目前，临床上常用的镇静剂有30多种，包括嗪类的氯丙嗪、异丙嗪，喹唑酮类甲喹酮，咪唑并吡啶类的唑吡坦，苯二氮䓬类的地西泮、硝西泮、奥沙西泮、替马西泮、咪达唑仑、三唑仑和艾司唑仑等。

个别畜牧业饲养者因经济利益的驱使，擅自在畜禽饲养过程中添加此类药物以起到镇静催眠、增重催肥、缩短出栏时间的作用；另外，在动物运输过程中，为减少动物死亡，避免动物体重下降和防止肉品质降低，也常使用此类药物以减少应激带来的损失。

非法使用兽药镇静剂会使其原型和代谢产物不可避免地残留于动物性食品中，人们食用了这些食品后会对人体中枢神经系统等造成不良影响，肝负担加重，头脑长期昏沉，记忆受影响，运动神经和肌肉功能受到抑制等，因此许多国家都将此类药物列为禁用药物。中华人民共和国农业农村部（原农业部）176号（2002年）和250号（2019年）公告规定严禁在动物饲料和饮用水中使用兽药镇静剂，在动物性食品中不得检出此类药物。

2.2.1.3 引发残留兽药镇静剂中毒的动物源食品类别

容易残留兽药镇静剂的动物种类有鱼、猪、牛、羊、马、驴等，这类食品容易出现兽药镇静剂残留超标的现象。

2.2.1.4 兽药镇静剂的预防控制措施

（1）严格规范兽药镇静剂的安全生产和使用

根据《食品安全国家标准 食品中兽药最大残留限量》（GB 31650—2019）要求，监督企业依法生产、经营、使用兽药镇静剂，禁止标准中严禁使用的兽药镇静剂流入市场，一旦发现，严厉查处。严格监控饲料生产企业，规范饲料药物添加剂的使用。发挥媒体作用，形成舆论监督的强大社会影响力。规范兽药镇静剂生产、经营、使用单位的行为，加大宣传、培训和普及科学使用兽药与饲料添加剂方法的力度。做到科学用药，合理用药，对症下药，支持开发和应用天然中草药、有益微生物等制剂。

（2）加强饲养管理，推进科学化、规模化养殖

推行科学化养殖，改善饲料配比，提高养殖环境，严禁出现为达到"短期育肥"的效果而向家畜饲料添加兽药镇静剂来抑制家畜运动的行为。针对长途运输家畜易出现应激综合征导致家畜出现精神沉郁或亢奋、发热、疲劳无力、昏迷甚至死亡的现象，采用科学的诊治和预防措施。

（3）加大宣传力度，公开食品兽药镇静剂残留数据

联合各界新闻媒体，加强兽药镇静剂残留对生态环境和人类健康危害的宣传，使全社会充分认识到科学合理用药的重要性。

（4）加强联合监管执法

建立健全监测体系，实行动物产品产地追溯制和市场准入制，公开食品兽药镇静剂残留

数据，让消费者及时了解详细信息，保护消费者不被误导与欺骗。

2.2.1.5 案例启示

镇静剂类药物是一类通过抑制中枢神经系统减弱其生理功能而达到缓和激动、消除躁动、恢复安静情绪的药物。随着生活水平的提高，人们对动物性食品需求的增加，动物性食品中的兽药残留也逐渐成为全社会关注的焦点。个别不法畜牧业主为了达到降低动物运动量、增重催肥、防止肉品质降低等目的，在饲料中违法添加镇静剂类药物。镇静类药物残留不仅影响人们的身体健康，还不利于养殖业的健康发展及走向国际市场。必须规范使用兽药，并建立药物残留监控体系，制定违规使用的处罚手段，有效控制药物残留的发生。

2.2.2 硝基呋喃类药物残留引发的食品安全案例

2.2.2.1 案例概述

2006年11月17日，上海市食品药品监督管理局对外公布了专项抽检结果，从当地批发市场、连锁超市、宾馆饭店采集的30件冰鲜或鲜活多宝鱼样品全部检出了硝基呋喃类代谢物，同时部分样品还同时检出多种禁用渔药残留。同日，上海监管部门发出"消费预警"，提醒市民慎食多宝鱼。农业部（现农业农村部）随后会同国家食品药品监督管理局等有关部门赶赴多宝鱼来源地山东省开展专项督查，发现3家水产养殖企业在养殖过程中违规使用违禁兽药，随即对其进行停止销售、监督销毁和罚款等处理。

据《大众日报》2015年7月15日报道，济南公安食药环侦部门成功破获了一起生产、销售有毒多宝鱼案。2014年5月，济南市历下区食药监局工作人员，在对济南某酒店销售的活体多宝鱼依法抽检时，检验出违禁药品呋喃西林代谢物。经立案调查，发现迟某出售违禁药品，养殖户付某和尹某为降低饲养成本而非法使用呋喃西林治疗染病多宝鱼，销售业户余某经多次告知依然销售含有呋喃西林代谢物的多宝鱼，酒店涉嫌违反相关行政法律法规、未尽到食品原料进货把关义务，并依法处理全环节涉案单位、人员。

2.2.2.2 硝基呋喃类药物的致病性及其危害

硝基呋喃类药物是一类具有硝基结构的广谱抗生素药物，可以治疗细菌引起的各种疾病，对大多数革兰氏菌、真菌和原虫等均有杀灭作用。它们作用于微生物酶系统，抑制乙酰辅酶A，干扰微生物糖类的代谢，从而起抑菌作用。常见药物有呋喃唑酮、呋喃它酮、呋喃西林、呋喃妥因，其代谢产物有3-氨基-2-噁唑烷酮（3-amino-2-oxazolidinone，AOZ）、5-吗啉基甲基-3-氨基-2-噁唑烷酮（5-morpholinomethyl-3-amino-2-oxazolidinone，AMOZ）、氨基脲（semicarbazide，SEM）、1-氨基海特因（1-aminohydantoin，AHD），可能会在养殖、运输、暂养环节违规使用。其原型药在生物体内代谢迅速，产生的代谢物与蛋白质结合后能稳定地存在于生物体内，故常检测其代谢物来反映硝基呋喃类药物的残留状况。中华人民共和国农业农村部公告第250号明确指出，硝基呋喃类为食品动物中禁止使用的化合物，在动物性食品中不得检出。

硝基呋喃类药物对动物的肝、肾、心脏、下丘脑及生殖系统等都有不同程度的毒副作用。若高剂量或长期连续服用，可引起动物中毒，严重者导致死亡。其中，以呋喃西林的毒性最大，呋喃唑酮的毒性最小。

硝基呋喃类药物代谢物具有严重的致癌、致畸等毒副作用。呋喃它酮为强致癌性药物，呋喃唑酮具中等强度致癌性，高剂量使用可诱导鱼的肝发生肿瘤。通过对小鼠和大鼠的毒性研究表明，呋喃唑酮可以诱发乳腺癌和支气管癌，并且有剂量-反应关系。繁殖毒性结果表明，呋喃唑酮能减少精子的数量和胚胎的成活率。硝基呋喃类化合物是直接致变剂，它不用附加外源性激活系统就可以引起细菌的突变。

一般的食品加工方法难以降解蛋白质结合态硝基呋喃类药物代谢物，而硝基呋喃类药物代谢物可以在弱酸性条件下从蛋白质中释放出来，因此，含有硝基呋喃类药物代谢物的水产品被人食用后，它们可在胃酸作用下，从蛋白质中释放而被人体吸收，造成严重危害。

2.2.2.3 易引发硝基呋喃类药物中毒的主要食品类别

硝基呋喃类是水产品检测中常见的不合格指标，呋喃唑酮代谢物和呋喃西林是常见的检出代谢物，涉及畜禽肉、淡水鱼虾、蟹等。在硝基呋喃类药物中，以呋喃西林对家禽的毒性作用最常见，尤其是雏鸭和雏鸡，兽医临床上经常出现有关猪、鸭、羊、鸽子等呋喃唑酮中毒的事件报道；有可能含硝基呋喃类药物的水产品主要为养殖的鱼类，如多宝鱼、鳗鱼、甲鱼、鲑鱼、桂花鱼、生鱼、黄骨鱼等。

2.2.2.4 硝基呋喃类药物的预防控制措施

（1）行政监管部门

应加强渔用兽药的管理工作，做好硝基呋喃类药物的使用监督、检查工作和可追溯制度的落实工作，督促水产养殖从业人员做好养殖日志。加强水产品的风险监测，定期发布硝基呋喃类药物检测结果。充分发挥媒体作用，让消费者了解水产品质量安全状况。进一步建立和完善水产品质量安全管理体系，强化渔用投入品监管，严禁使用硝基呋喃类药物，严厉打击非法使用硝基呋喃类药物的不法行为。协调相关部门，在水产品运输及销售环节中加大抽检力度，杜绝硝基呋喃类药物的非法使用。通过多种方式、多种形式，对水产从业人员开展深入、持久的水产养殖规范用药和水产品质量安全教育，让从业人员充分认识到使用违禁药品的危害性以及相应的法律责任，提高从业人员职业道德。

（2）水产技术部门

积极组织替代渔药的研发，提出配合养殖模式的用药技术。指导渔民及从业人员守法生产，合法经营。针对被硝基呋喃类药物污染的水源，研究新技术进行水体净化，如利用植物吸附剂吸附水中硝基呋喃类药物，可以在改善水体环境污染的同时，给水生生物的生长繁殖提供一个有利的生长环境。

（3）水产养殖和经营的从业人员

严格遵守国家相关的法律法规，拒绝使用硝基呋喃类药物。自觉提高水产品质量安全意识，维护水产品质量，维护行业发展，对水产养殖中使用硝基呋喃类药物的违法行为予以坚决抵制。

2.2.2.5 案例启示

硝基呋喃类药物是一种人工合成的广谱抗菌药，可有效预防和治疗各种细菌和真菌感染。虽然硝基呋喃类药物已被严令禁止，但某些市售动物性食品中药物残留状况仍不容乐观，主要是在动物性食品养殖、运输、销售等环节非法使用造成的。因此，相关部门要加强养殖环境的监测，规范使用兽药，加强对运输、销售环节的监督管理，保障动物性食品的安全。

思考题

1. 镇静剂在畜牧业中主要用于什么？
2. 动物性食品中残留镇静剂会对人体造成什么影响？
3. 如何预防和控制兽药镇静剂残留？
4. 养殖户为什么会在水产养殖过程中违规使用硝基呋喃类药物？
5. 硝基呋喃类药物可能在哪些水产品中存在？
6. 如何预防和控制硝基呋喃类药物在水产品中的使用？

2.2.3 抗生素类药物残留引发的其他食品安全案例

2.2.3.1 案例概述

2016年4月，在吉林省食品药品监督管理局公布的食品抽检不合格产品信息中，有6批次鸡肉产品出现了抗生素残留超标的问题。这些不合格产品共涉及5家企业生产的鸡翅，其中3家均检出强力霉素（又名多西环素）超标，另两家分别检出土霉素和金霉素超标。吉林省食品药品监督管理要求对不合格产品的生产经营者进一步调查处理，查明生产不合格产品的批次、数量和成因，提供整改措施。

上述案例出现的残留超标抗生素涉及强力霉素、土霉素和金霉素，均属于四环素类抗生素，是通过抑制细菌蛋白质合成来达到抗菌效果，广泛应用于畜禽和鱼类养殖中。该类抗生素是具有并四苯结构的广谱抗生素，毒性小、极少过敏，但是耐药较严重。

一些养殖户为了追求利益最大化，减少养殖过程中畜禽类等病害产生的风险，促进动物生长，缩短养殖时间，而超量使用、滥用抗生素。还有养殖户为了追求高额利润，不按休药期的要求，在畜禽出栏前或奶用畜产奶期间仍然没有停药，这样就容易造成抗生素的残留超标。

2.2.3.2 抗生素类药物残留的致病性及其危害

抗生素（antibiotics）是指由微生物（包括细菌、真菌和放线菌属）或高等动植物在生活过程中所产生的具有抗病原体或其他活性的一类次级代谢产物，能干扰其他生活细胞发育功能的化学物质。抗生素通常来自生物合成、化学合成或半合成。抗生素可以根据其化学结构或作用机制分为不同的种类，一些常见的抗生素种类主要有四环素类、喹诺酮类、β-内酰胺类、氨基糖苷类、多肽类、大环内酯类和林可胺类等。

兽用抗生素主要包括两部分，分别是注射用抗生素和饲料添加剂用抗生素。前者通常作为治疗药，而后者是将抗生素制成预混剂添加到饲料中。抗生素在动物养殖中的应用主要有生长促进作用、预防疾病作用，也可以防止人畜共患病传染给人类。

滥用四环素容易导致畜禽摄入后蓄积在体内，而食用抗生素含量超标的畜禽可能会对人体造成一定的健康隐患。根据《食品安全国家标准 食品中兽药最大残留限量》（GB 31650—2019）明确规定，土霉素、金霉素、四环素的单个或复合物在动物性食品中最大残留限量见表2-1。最高残留限量是指对食品动物用药后产生的允许存在于食品表面或内部的该兽药残留的最高含量或最高浓度。

表 2-1　土霉素、金霉素和四环素的最大残留限量

动物种类	靶组织及产品	残留限量/(μg/kg)
牛、羊、猪、家禽	肌肉	200
	肝	600
	肾	1 200
牛、羊	奶	100
家禽	蛋	400
鱼	皮+肉	200
虾	肌肉	200

恩诺沙星又名乙基环丙沙星,属于喹诺酮类抗生素,为动物专用广谱杀菌药,体内半衰期长,有良好的组织分布性,被广泛用于养殖鱼类的弧菌和大肠埃希菌等感染性疾病的控制。恩诺沙星几乎对水生动物所有病原菌具有较强的抗菌活性。摄入恩诺沙星药物超标的动物性食品,可能引起轻度胃肠道刺激或不适、头痛、头晕和睡眠不良等症状,还有可能使人体产生耐药性,甚至影响软骨发育,导致畸形等。根据 GB 31650—2019 规定,恩诺沙星的残留标志物是恩诺沙星与环丙沙星之和,最大残留限量见表 2-2 所列。

除了四环素类和喹诺酮类抗生素以外,其他类抗生素的不合理使用也可能导致动物性食品的抗生素残留超标。

表 2-2　恩诺沙星的最大残留限量

动物种类	靶组织及产品	残留限量/(μg/kg)
牛、羊	肌肉、脂肪、奶	100
	肝	300
	肾	200
猪、兔	肌肉、脂肪	100
	肝	200
	肾	300
家禽(产蛋期禁用)	肌肉、皮+脂	100
	肝	200
	肾	300
其他动物	肌肉、脂肪	100
	肝、肾	200
鱼	皮+肉	100

抗生素残留通常指在给动物使用抗生素后在产品的任何可食用部分中发现少量代谢物。抗生素残留超标可能导致很多潜在危害。但是,急性中毒事件的发生比较少见,大多数情况是通过长期接触或蓄积而产生危害的。抗生素残留超标可能造成的潜在危害主要有以下 3 点。

(1) 细菌耐药性增加

抗生素残留是导致细菌耐药的原因之一。如果长期接触抗生素,或耐药病菌间接感染动物或人类,可能会导致耐药菌的产生或迁移。在过去的几十年里,对抗生素耐药的细菌出现的频率越来越高。也就是说动物和人类如果感染这样的"超级病菌",那么很难找到有效的抗生素来进行治疗。

(2) 病理反应

许多抗生素都可能使部分人群发生过敏反应,其中以青霉素、氨苄西林、链霉素和新生

霉素等多见。例如，青霉素过敏，轻者可出现瘙痒、红疹和头痛等症状，重者可导致休克甚至危及生命。

长期食用抗生素残留超标的食品还可能导致其他病理效应，包括骨髓毒性（如氯霉素）、肾病（如庆大霉素）、自身免疫反应、肝毒性或生殖障碍等。

(3) 对生态环境的影响

动物摄入抗生素以后，药物以原型或代谢产物的形式随粪便、尿液等排泄物进入土壤或水体，甚至整个生态环境中；绝大多数的抗生素进入环境后，仍然具有生物活性，对环境中的生物体造成影响，如土壤微生物、水生生物和昆虫等。

2.2.3.3 抗生素类药物残留的预防控制措施

(1) 完善兽用抗生素相关的政策法规

我国政府早已意识到抗生素残留可能带来的严重危害，因此农业部（现农业农村部）对于畜牧养殖业的抗生素使用发布"限抗"规定，如《遏制细菌耐药国家行动计划》等。此外，2019年7月9日，我国农业农村部第194号公告正式发布，明确自2020年1月1日起，退出除中药外的所有促生长类药物饲料添加剂品种，饲料生产企业停止生产含有促生长类药物饲料添加剂（中药类除外）的商品饲料，这标志着我国拉开了"饲料禁抗"的新篇章。

此外，应建立动物性食品抗生素残留的常规检测制度，并且明确违反兽用抗生素相关政策和法规而应当承担的责任。

(2) 加强宣传教育

预防或减少食品中抗生素残留的关键还需通过对兽医、饲养员、养殖场管理层、相关协会、政府机构和消费者等相关人员的教育，来提高个人和组织对该问题的高度认识。规范兽用抗生素在养殖过程要合理用药、规范用药、依法依规用药。

(3) 研发快速检测抗生素的技术

食品中抗生素残留的传统检测主要有高效液相色谱法、液相色谱串联质谱法和毛细管电泳等，但是这些方法的前处理不仅较为复杂且耗时耗力，不适合对样品进行现场快速检测。因此，应加大科技研发力度，重点支持快速检测食品中抗生素残留的技术开发和设备研制，从而进行快速、准确和有效的监管。

(4) 抗生素替代品的研制和推广

研发抗生素替代品，如抗菌肽、噬菌体、群体感应及生物被膜抑制剂、抗体、天然产物、中草药和微生态制剂等。

(5) 逐步建立和推广"无抗"养殖新模式

借鉴和学习其他国家的"无抗"养殖经验，重点在于改善养殖管理、改进饲养环境卫生条件、使用安全和新型饲料添加剂。从引进或培育抗病能力强的畜禽品种、养殖设施、养殖环境、饲料配制、疫苗接种、防疫和科学用药体系等方面进行重点提升，从而逐步建立和推广适合我国国情的"无抗"养殖新模式。

(6) 为消费者提供降解抗生素的家庭方法

大多数抗生素会因为食品加工而减少或失去活性。应通过科学研究获得准确全面的数据和结论，提供给公众易于在家庭操作的方案，从消费者层面将抗生素残留的风险降至最低。

2.2.3.4 案例启示

养殖业的"减抗/替抗/禁抗"一直都是人们关注的焦点,因为兽用抗生素的滥用与食品安全、细菌耐药等方面都有直接的联系。尽管我国已经禁止了在饲料中添加抗生素来促进动物生长,但是抗生素在畜禽养殖业仍然具有重要的地位,因为还没有找到任何一款产品可以完全替代抗生素来对动物疫病进行预防和治疗。因此,还应加大对兽用抗生素使用的监管力度,规范兽用抗生素的使用,最大限度地减少食品中抗生素残留超标的发生,从而保障人民群众的饮食安全。

思考题

1. 假如你是市场监管部门的工作人员,在抽检时发现了某种动物性食品的抗生素残留超标,你应该怎么办?
2. 请查阅资料列举其他的抗生素残留超标食品安全案例并分析讨论。
3. 试论述除草剂及其残留导致的食品安全问题的原因有哪些?
4. 如何加强除草剂的安全使用?
5. 试论述如何加强除草剂的安全管理。
6. 谈谈当前形势下加强除草剂管理的主要措施有哪些。
7. 日常接触的食品中的除草剂主要有哪些?分别具有怎样的毒性?日常生活中如何预防除草剂残留食品对健康的危害?

参考文献

Carlisle S,Trevors J,1988. Glyphosate in the environment[J]. Water Air and Soil Pollution.,39:409-420.

Fair R J,Tor Y,2014. Antibiotics and bacterial resistance in the 21st century[J]. Perspectives in Medicinal Chemistry,6:PMC-S14459.

Kümmerer K,Henninger A,2003. Promoting resistance by the emission of antibiotics from hospitals and households into effluent[J]. Clinical Microbiology and Infection,9(12):1203-1214.

Kwong T C,2002. Organophosphate pesticides:Biochemistry and clinical toxicology [J]. Therapeutic Drug Monitoring,24(1):144-149.

Ngangom B L,Tamunjoh S S A,Boyom F F,2019. Antibiotic residues in food animals:Public health concern[J]. Acta Ecologica Sinica,39(5):411-415.

Nisha A R,2008. Antibiotic residues-a global health hazard[J]. Veterinary World,1(12):375.

Shin Y,Lee J,Lee J,et al,2018. Validation of a multiresidue analysis method for 379 pesticides in human serum using liquid chromatography-tandem mass spectrometry[J]. Journal of Agricultural and Food Chemistry,66(13):3550-3560.

丁文军,张芳,郝凤桐,2011. 国家污染物环境健康风险名录:化学,第2分册[M]. 北京:中国环境科学出版社.

冯轲,2019. 旬阳县汞矿区污染综合防治现状及土壤修复[J]. 环境与发展,31(1):29-30.

福建省市场监督管理局. 2020年食品安全监督抽检信息公告(第34期)[EB/OL].(2020-09-18)[2022-09-22]. http://scjgj.fujian.gov.cn/zfxxgkzl/xxgkml/zdlyxxgk/spaq/spcj/202009/t20200918_5388890.htm.

中国新闻网,2020. 公安部公布打击危害粮食生产安全犯罪十起典型案例[EB/OL].(2020-10-16)[2022-09-15]. https://www.chinanews.com.cn/gn/2020/10-16/9314201.shtml.

龚珞军,杨兰松,王将来,等,2019.《水产品质量安全》讲座 第二讲 硝基呋喃类药物与水产品质量安全(1)[J]. 渔业致富指南(10):58-60.

桂英爱,葛祥武,孙程鹏,等,2019. 扑草净在环境和生物体内的降解代谢、毒性及安全性评价研究进展[J]. 大连海洋大学学报,34(6):846-852.

国家卫生和计划生育委员会,农业部,国家食品药品监督管理总局,2017. 食品安全国家标准水果和蔬菜中500种农药及相关化学品残留量的测定气相色谱-质谱法（GB 23200.8—2016）[S]. 北京：中国标准出版社.

黄涛,2020. 农药类等典型有机污染物体内外毒性相关性及乙草胺毒性机制研究[D]. 长春：东北师范大学.

江西三批次婺源茶草甘膦超标 对人体具有低毒[EB/OL]. （2018-08-01）[2022-09-15]. http://finance.china.com.cn/consume/20180801/4717319.shtml.

蒋琦,周羽,刘海,2010. 涛各地食品监控全面升级 "豇豆禁毒战"席卷全国[EB/OL]. （2010-02-27）[2022-09-18]. http://china.cnr.cn/yaowen/201002/t20100227_506070507.shtml.

李庆鹏,秦达,崔文慧,等,2014. 我国水产品中农药扑草净残留超标的警示分析[J]. 食品安全质量检测学报,5(1):108-112.

廖花,2010. 扑草净对水绵的毒性效应研究[J]. 河北农业科学,14(10):50-52.

刘宝森,2007. 从多宝鱼事件看食品安全[J]. 中国市场 (4):37.

刘莉,2012. UPLC-MS/MS法测定大米中9种硫代氨基甲酸酯类农药残留[J]. 现代食品科技,28(10):1416-1418.

刘仁杰,赵悦,王玉华,等,2019. 有机磷农药残留现状及去除方法的研究进展[J]. 食品工业,40(9):299-302.

卢维海,韦滢军,谭道朝,等,2010. 海南毒豇豆事件对广西植保的启示[J]. 广西农学报,25(2):86-87,96.

吕保英,邵俊杰,沈力生,等,1997. 食品分析大全[M]. 北京：高等教育出版社.

美国一组织抽检45款燕麦制品 桂格被检出除草剂成分[EB/OL]. （2018-08-22）[2022-09-15]. http://www.ipraction.gov.cn/article/xwfb/gjxw/202004/147567.html.

牛远飞,2015. 山东省首例"有毒多宝鱼"案告破[EB/OL]. （2015-07-15）[2022-06-25]. http://china.takungpao.com/shandong/2015-07/3057752.html.

农业部农药检定所,1998. 新编农药手册（续集）[M]. 北京：中国农业出版社.

仇广乐,冯新斌,王少峰,等,2006. 贵州汞矿区不同位置土壤中总汞和甲基汞污染特征的研究[J]. 环境科学,27(3)：500-555.

仇广乐,冯新斌,王少峰,等,2006. 贵州万山汞矿区土壤汞污染现状的初步调查[J]. 矿物岩石地球化学通报,25（增）：34-36.

仇广乐,2005. 贵州省典型汞矿地区汞的环境地球化学研究[D]. 北京：中国科学院研究生院（地球化学研究所）.

全新丽,2006. 重庆北碚汞污染严重耕地里可挖出水银 [EB/OL]. （2006-07-31）[2021-06-17]. https://www.h2o-china.com/news/49650.html.

陕西省食药监局,2017. 4批次食品抽检不合格[EB/OL]. （2017-10-27）[2022-09-15]. https://www.cqn.com.cn/ms/content/2017-10/27/content_5035864.htm.

四川省市场监督管理局,2020. 关于22批次食品不合格情况的通告（2020年第39号）[A/OL]. （2020-09-10）[2021-03-18]. http://scjgj.sc.gov.cn/scjgj/c104536/2020/9/10/1dcf9257f27e4a459747644e3ac7d477.shtml.

四川省市场监督管理局,2020. 关于25批次食品不合格情况的通告（2020年第38号）[A/OL]. （2020-09-03）[2022-09-18]. http://scjgj.sc.gov.cn/scjgj/c104536/2020/9/3/8401f901cc424fe6ba5e7b966ab876bf.shtml.

宋仙平,刘炘,朱宝立,2017. 乙草胺的毒性及致癌性研究进展[J]. 中华劳动卫生职业病杂志,35(1):69-71.

宋学春,2010. 青岛严查"毒韭菜" 目前在售韭菜未现农残超标[EB/OL]. （2010-04-12）[2021-09-18]. http://www.gov.cn/jrzg/2010-04/12/content_1578483.htm.

孙翠霞,刘国中,鹿尘,2011. 一起有机磷农药引起的中毒事件的调查分析[J]. 中国卫生检验杂志,21(1):215-216.

孙锐莲,2012. 一起有机磷农药污染糯米面粉致食物中毒的调查[J]. 现代预防医学,39(13):3220,3222.

孙瑞红,2015. 韭菜质量安全问题及对策[J]. 食品科学技术学报,33(3):9-12.

孙运光,周志俊,顾祖维,2000. 有机磷农药生物标志物的研究进展[J]. 劳动医学,17(1):58-60.

探秘志,2020. 日本汞中毒事件[J]. 现代班组 (12):28.

田亚东,蔡辉益,2004. 饲用抗生素的促生长机制[J]. 饲料工业 (25):16-18.

田蕴,罗晓琴,2006. 水产品硝基呋喃类药物残留检测[J]. 动物保健 (7):45-47.

王盛吉,2017. 日本熊本县水俣病公害问题研究（1956年-1959年）[D]. 上海：华东师范大学.

王婷,2020. 猪肉中氯丙嗪残留 UPLC-MS/MS 检测法的优化研究[J]. 食品安全导刊 (16):63-65.

王锡明,王立华,2016. 设施蔬菜的瓶颈及对策研究[J]. 中国果菜,36(11):40-44.

王玉堂,2017. 禁用渔药——硝基呋喃类药物的毒性及危害[J]. 中国水产(4):85-86.

谢德良,2008. 日本连曝食品安全事件"水银大米"流向市场. [EB/OL]. (2008-10-07)[2022-09-14]. http://qnck.cyol.com/content/2008-10/07/content_2381570.htm.

谢剑,戴习林,臧维玲,等,2010. 扑草净对两种虾和两种水草的毒性研究[J]. 湖南农业科学,23(12):147-150.

央视网,2008. 日本东京大学农场曾使用水银类违禁农药[EB/OL]. (2008-10-03)[2022-09-18]. http://news.cctv.com/world/20081003/100520.shtml.

游永,师新进,曹颖,等,2007. 高效液相色谱法和气相色谱法分析茵草敌原药[J]. 农药科学与管理,28(6):5-8.

余晓琴,闵宇航,2020. 食品中常见兽药解读(下)[N]. 中国市场监管报,2020-04-30(8).

云阳县市场监督管理局,2021. 重庆市市场监督管理局关于1074批次食品安全抽检情况的通告(2021年第21号)[A/OL]. (2021-05-11)[2022-09-18]. http://scjgj.cq.gov.cn/zfxxgk_225/fdzdgknr/jdcj/spaq_1/jcjgxx/202104/t20210430_9239385.html.

张春旺,潘心红,冯彩群,2001. 一起由氯丙嗪引起的食物中毒的快速测定[J]. 中国卫生检验杂志,11(1):109-112.

张国印,陆启玉,2007. 农药残留与食品安全[J]. 粮油食品科技(1):55-57.

张雪梅,2021. 有机磷农药中毒如何急救[J]. 家庭医学(下半月)(3):56.

张远,王永强,高世君,等,2006. 动物性食品中抗生素残留的危害及防控[J]. 广西农业科学,37(1):97-99.

张周来,刘兵,2006. 农业部27日通报上海多宝鱼事件调查处理结果[EB/OL]. (2006-11-27)[2022-06-25]. http://www.gov.cn/jrzg/2006-11/27/content_454919.htm.

张祖维,李木子,李雪莲,等,2021. 液相色谱-串联质谱法测定猪尿液中地西泮及其7种代谢物残留[J]. 中国动物检疫,38(3):112-118.

赵德礼,2008. 东京大学承认其农场曾使用水银类违禁农药[EB/OL]. (2008-10-02)[2022-09-17]. http://news.cctv.com/world/20081002/102022.shtml.

赵海燕,2016. 急性有机磷农药中毒患者的急救与护理[J]. 中国药物经济学,15(1):154-156.

赵倩,王灿灿,袁旭娇,等,2015. 腐植酸影响扑草净对斑马鱼的急性毒性研究[J]. 农业环境科学学报,34(4):653-659.

浙江省市场监督管理局,2022. 食品安全监督抽检信息通告(2022年第14期)[EB/OL]. (2022-05-30)[2022-09-15]. http://zjamr.zj.gov.cn/art/2022/5/30/art_1228969898_59022872.html.

中国网山东,2015. 山东"毒"海产品第一案成功告破[EB/OL]. (2015-07-14)[2022-09-18]. http://m.sd.china.com.cn/mobile/2015/fzzx_0714/253381.html.

中华人民共和国农业农村部,2019. 公告 第194号[EB/OL]. (2019-07-10)[2022-09-25]. http://www.xmsyj.moa.gov.cn/zcjd/201907/t20190710_6320678.htm.

中华人民共和国农业农村部,2019. 中华人民共和国国家卫生健康委员会,国家市场监督管理总局. 食品安全国家标准 食品中兽药最大残留限量(GB 31650—2019)[S]. 北京:中国标准出版社.

重庆市市场监管局. 2021. 重庆市市场监督管理局关于1074批次食品安全抽检情况的通告(2021年第21号)[EB/OL]. (2021-04-30)[2022-09-18]. http://scjgj.cq.gov.cn/zfxxgk_225/fdzdgknr/jdcj/spaq_1/jcjgxx/202104/t20210430_9239385_wap.html.

周桂娴,马荣荣,杨宗英,等,2020. 扑草净、辛硫磷和亚甲基蓝制剂对凡纳滨对虾的急性毒性及组织病理改变[J]. 生态毒理学报,15(6):279-289.

第 3 章

食品天然有毒物质引发的食品安全案例

学习目标

1. 了解国内外发生的食品天然有毒物质引发的食品安全案例。
2. 掌握国内外食品天然有毒物质引发食品安全案例的发生原因。
3. 掌握避免食品天然有毒物质产生危害的有效控制手段。

学习重点

1. 国内外发生的食品天然有毒物质引发的食品安全案例。
2. 导致国内外食品天然有毒物质引发食品安全案例的发生原因。

本章导引

引导学生查阅文献，积累相关知识背景，联系生活中的饮食细节，激发学生的学习热情，建立正确的食品安全观。

3.1 植物源天然有毒物质引发的食品安全案例

3.1.1 木薯引发的食品安全案例

3.1.1.1 案例概述

2005年，据菲律宾当地媒体报道，菲律宾中部保和省马比尼市的圣何塞小学发生严重集体中毒事件，全校学生在食用油炸甜木薯后，出现不适症状，先感到腹痛，然后开始呕吐和腹泻，中毒学生先后被送往医院，本次事件共造成至少25人死亡。经研究得出结论，导致此次集体食物中毒事件的元凶是木薯中的氰苷。氰苷进入人体内水解后产生氢氰酸，具有较强毒性。

2013年12月，据外交部中国领事服务网援引驻斯里兰卡使馆消息，近日，在斯里兰卡有中国公民食用野生木薯中毒。

3.1.1.2 氰苷类物质的致病性及其危害

氰苷主要是指具有 α-羟基腈的苷，许多重要的经济作物中都含有氰苷，如木薯、苹果和杏的内核中。氰苷一般味苦，易溶于水、醇，易被酸或同存于同种植物中的酶水解。氰苷结构中含氰基，水解后产生氢氰酸，少量氢氰酸具有镇静作用，能麻痹咳嗽中枢，具镇咳功效，但大量氢氰酸进入人体内可直接损伤脑髓的呼吸中枢和血管运动中枢，产生中毒危险。

氰苷的氰基易与氧化型细胞色素氧化酶分子中的铁离子结合，抑制呼吸酶活性，阻断或丧失细胞呼吸时氧化与还原的电子传递功能，不能激活分子氧，使细胞代谢停止，发生细胞窒息。

木薯的中毒潜伏期为 6～9h。中毒时，轻度中毒者出现恶心、呕吐、腹痛、头痛、心悸、头晕、嗜睡无力。中毒较重者，呼吸先频促后缓慢而深长，面色苍白，出汗抽搐。重症者，中枢神经先兴奋后抑制，呼吸困难，躁动不安，瞳孔散大，对光反应迟钝或消失，昏迷或抽搐，出现休克或呼吸循环衰竭而死亡。

氰苷中毒多发生在木薯成熟的季节，儿童中毒为多见；还有因为食用加工不彻底、未完全消除毒素木薯造成的中毒。

3.1.1.3 氰苷类物质的预防控制措施

人误食含氰苷类物质中毒后应采取催吐、导泻、静脉输液等急救治疗措施。

应加强宣传教育。在木薯产区应广泛宣传木薯的毒性和去毒方法，做到家喻户晓，人人掌握。木薯所含氰苷 90% 存在于木薯皮中。因此，可采取去皮、蒸煮、用水浸泡和长时间水煮的方法去除毒素。有些地方剥去内皮后先用水泡 3～5 天，换水煮 2 次，煮制时应将锅盖打开，使氢氰酸蒸发，煮后弃汤食用。煮木薯的汤和泡木薯的水有大量氢氰酸，应倒掉，切不可饮用，也不应倒在池沼内。幼儿及老弱孕妇不宜用木薯作食物。

3.1.1.4 案例启示

政府监督及宣传部门应扩大日常生活中消费者对食品安全知识的掌握和普及。消费者应注意绝对不能生吃木薯，在加工木薯时，要注意将其煮熟煮透或采取合适的去毒措施，使其有毒物质充分去除，且加工过程中的汤水应弃去。如发生木薯中毒情况，应及时就医，以减小毒素对身体的损害。

3.1.2 巴豆引发的食品安全案例

3.1.2.1 案例概述

2012 年 12 月，长沙某高校院方通报，校内园区食堂的牛肉粉面馆老板因与同一食堂内米粉店老板商业竞争，在桂林米粉的原材料内投入巴豆，最终导致 27 名学生食物中毒。

2020 年 6 月，浙江省富阳一院接诊了两名严重腹泻的患者，原因是用约 2g 巴豆泡水喝。随后出现恶心呕吐，腹部烧灼感，并伴有剧烈水样腹泻症状 5 次以上。

3.1.2.2 巴豆毒素的致病性及其危害

巴豆（*Croton tiglium*）为大戟科巴豆属植物巴豆树的干燥成熟果实，其根及叶也供药用。中医药上以果实入药，其性热，味辛，具有缓解腹胀、打通内气、治疗痰多水肿及排毒杀虫、治疗疮疡的作用。巴豆中含脂肪30%～40%，是主要毒性成分。巴豆油中含巴豆醇、甲酸、丁酸、巴豆油酸、巴豆酸等。巴豆油酸在消化道分解为巴豆酸，巴豆酸对胃肠道有强烈的腐蚀作用，可引起肠炎，并使肠道强烈蠕动，导致人体的肠腔出血和嵌顿。另一种毒性成分为巴豆素蛋白，即巴豆毒素。巴豆毒素是一种细胞原浆毒，能溶解红细胞，使细胞局部坏死。此外，巴豆油、去壳巴豆仁、巴豆霜直接接触皮肤可发生急性接触性皮炎。

巴豆内服5～15min即产生症状。首先口腔黏膜红肿、水疱、口、咽喉、食管及胃部有灼烧感。之后出现流涎、恶心、呕吐，呕吐物含有血液，腹绞痛、里急后重、频繁腹泻、大便水样。中度中毒者，肠壁腐蚀糜烂，泻出物呈水样便并含有黏膜及血液。也可出现黄疸、血尿、蛋白尿、少尿或无尿等症状。患者常因腹泻而发生脱水，出现皮肤湿冷、体温降低、脉搏细速、呼吸浅慢、发绀、休克。危重者常因呼吸、循环衰竭或肾衰竭而死亡。直接接触巴豆时，会出现皮肤、鼻黏膜、眼结膜急性炎症，出现红斑、灼烧感、瘙痒，甚至发生水肿、脓疱，并伴有头痛头晕。

3.1.2.3 案例启示

"民以食为天，食以安为先"，保障食品安全是一项复杂的系统工程。因此，从生产到流通再到消费，各个环节都要抓好，谨防出现恶性竞争而导致的食物中毒事件。必须严厉打击破坏食品安全、危害人民健康的行为，加强食品安全宣传教育，提高全民食品安全知识水平和自我保护能力，营造全社会共同关注、共同参与食品安全的良好氛围。

3.1.3 龙葵素引发的食品安全案例

3.1.3.1 案例概述

2015年11月，安徽合肥市庐江刘先生在超市里买了"荷兰土豆"。一家人在食用了土豆丝之后，相继出现了乏力发热等症状，15岁的儿子严重到需入院治疗。经过医生诊断，孩子的病因为食源性发芽马铃薯中毒。

3.1.3.2 龙葵素的致病性及其危害

龙葵素（solanine）是马铃薯发芽、变绿、溃烂后产生的一种有毒物质，是一类有毒的甾体糖苷生物碱，分为α、β、γ3种，毒性较强。猪食后会中毒，人食入0.2～0.4g即可引起中毒。马铃薯植株和块茎中主要是茄碱和卡茄碱两大类。每100g鲜重马铃薯中茄碱含量，在嫩芽中高达500mg，外皮达30～64mg，全块茎（去芽及去皮后）达7.5～10mg。煮熟后能解除龙葵素产生的毒性，加酸也能分解龙葵素，用醋调味有解毒作用。成熟马铃薯中的龙葵素含量较低，可安全食用。而未成熟的或因贮存时接触阳光引起表皮变绿和发芽的马铃薯中含有大量的龙葵素，食用后可能引起急性中毒。

龙葵素类生物碱常温下均为白色针状结晶，有苦味。难溶于纯水，易溶于吡啶、乙腈、热乙醇、甲醇等少数有机溶剂，而在乙醚和苯等大多数非极性有机溶剂中几乎不溶。

由于龙葵素呈弱碱性，能在酸溶液中成盐而溶解，而在碱性条件下又可沉淀析出。龙葵素对碱较为稳定，而酸在加热情况下可水解龙葵素的糖苷键，将其分解为茄啶和糖，毒性降低。

通常情况下马铃薯中的龙葵素含量较低，100g 新鲜马铃薯中含龙葵素 7～10mg，较安全。而当马铃薯贮存不当而引起发芽或皮肉变绿发紫时，龙葵素的含量会显著增加，当马铃薯中龙葵素含量达到 10～15mg/100g 时，食用会产生明显苦味，而含量超过 20mg/100g 即可引起龙葵素中毒。

龙葵素中毒的病理变化主要为急性脑水肿，其次是胃肠炎，肺、肝、心肌和肾皮质水肿。症状较轻者表现为口腔及咽喉部瘙痒，上腹部疼痛，并有耳鸣、畏光、头晕、恶心、呕吐、腹痛等症状，经过 1～2h 会通过自身的解毒功能而自愈。严重者表现为体温升高和反复呕吐而致失水、瞳孔散大、呼吸困难、昏迷、抽搐，应尽早送医院治疗。极少数严重中毒的患者最终可因呼吸麻痹而死亡。龙葵素还有致畸作用，孕妇中毒后可能导致胎儿出现脑畸形和脊柱裂。

龙葵素的致毒机制主要包含两个方面：其一，是通过抑制胆碱酯酶的活性引起中毒反应。胆碱酯酶被抑制失活后，乙酰胆碱大量累积，以致胆碱能神经兴奋增强，引起胃肠肌肉痉挛以及神经系统功能失调等中毒症状。龙葵素中毒的症状无特异性，且与肠胃炎症状相似，临床上常会被误诊而耽误治疗。其二，龙葵素还能与生物膜上的甾醇类物质结合，导致生物膜穿孔，引起膜结构破裂。当龙葵素被吸收进入体内后，就会随着血液循环破坏胃肠道、肝等体内脏器的细胞结构。高剂量的龙葵素由于其表面活性作用可能会导致红细胞破裂，产生溶血。

3.1.3.3 龙葵素的预防控制措施

治疗主要注意监测生命体征，对症治疗。如果食入量少，轻度重度患者可多饮糖盐水补充水分，并适当饮用食醋水中和龙葵素。预防龙葵素中毒关键在于不吃发青、发芽或腐烂的马铃薯；食用马铃薯要烧熟、煮透再吃，口中若有苦涩味或发麻，应立刻停止食用，积极采用催吐法，减少龙葵素的吸收，同时可饮用食醋帮助解毒。处理马铃薯时，对马铃薯发青、发芽或腐烂的部分须彻底去除，去皮后的马铃薯切成片或小块，浸泡 30min 以上，弃去浸泡水，再加水煮透，倒去汤汁或加入适量的食醋，采用酸性物质来分解龙葵素，变为无毒后可食用。

3.1.3.4 案例启示

消费者在日常生活中应注意，发芽马铃薯中含有龙葵素，摄入一定量可导致食物中毒。因此，平时应避免食用发芽马铃薯，且食用马铃薯时要烧熟煮透。如食用马铃薯时口中出现发苦、发涩的感觉，应立即停止食用或饮用食醋等酸性物质帮助解毒。

> **思考题**

1. 木薯产生危害的主要原因及急救治疗措施有哪些？
2. 如何预防氰苷类食物中毒？
3. 巴豆产生危害的主要原因及临床表现有哪些？

4. 巴豆中毒该如何治疗？有哪些预防措施？
5. 龙葵素产生致病性与危害的主要原因是什么？
6. 龙葵素中毒的症状有哪些？如何预防与治疗？

3.2 动物源天然有毒物质引发的食品安全案例

3.2.1 贝类毒素引发的食品安全案例

3.2.1.1 案例概述

2013年5月，日本大阪府一对夫妇出现麻木和不由自主摇晃等症状，被紧急送往医院救治。这些症状均与食用了大阪湾内贝类导致的食物中毒有关。大阪市在调查食物残留物时，检测出其中含有相当于日本标准33~66倍的贝毒。此次中毒主要由于"赤潮"生物产生的麻痹性贝毒。"赤潮"的主要生物链状裸甲藻能产生麻痹性贝毒，被贝类生物滤食后，可在贝类体内积累毒素，引起食用者的中毒反应，出现头晕、肌肉麻痹等身体不适症状，中毒严重的人甚至会因呼吸麻痹而死亡。

2021年12月，漳州市发生多起因食用泥螺引起的食物中毒事件。经调查，患者在流动摊贩购买腌制的泥螺，食用后出现唇、舌、指尖麻木、呕吐、乏力等临床症状，漳州市疾控中心在食用后剩余的泥螺中检出高浓度麻痹性贝类毒素，结合流行病学调查结果，初步判定为由食用麻痹性贝类毒素污染的泥螺引起的食物中毒事件。

3.2.1.2 麻痹性贝毒的致病性及其危害

麻痹性贝毒（paralytic shellfish poison，PSP）是一种神经毒素，人们误食了含有此类毒素的贝类会产生麻痹性中毒的现象。其毒理与河鲀毒素相似，主要通过对钠离子通道的影响而抑制神经传导。麻痹性贝毒在许多种不同的贝毒中毒事件中属最严重，因其强烈毒性，经常造成消费者中毒死亡事件，并具有广布性与高发性。

麻痹性贝毒是一种在贝类中积聚的天然毒素，并非由贝类自身产生，而是由其摄食的微藻（主要是甲藻，其次是硅藻）或菌类所产生。太平洋沿岸某些地区，在3~9月份，食用有些贝类后可发生中毒，主要症状为麻痹，故称麻痹性贝类中毒。贝类在某个时期某些地区之所以有毒与藻类有关，即贝类中毒的发生与水域中藻类，尤其是膝沟藻科的藻类大量繁殖并形成"赤潮"有关。贝类摄入的藻类毒素在其体内呈结合状态，对贝类无害。但当人食用贝类后，毒素迅速释放而使人中毒。

麻痹性贝毒中毒潜伏期为数分钟至数小时。开始唇、舌、指尖麻木，继而腿、臂和颈部麻木，然后运动失调。有的伴头痛、头晕、恶心、呕吐，多意识清楚。随着病程进展，呼吸困难加重，重者2~12h后死于呼吸麻痹，死亡率5%~8%。

引起中毒的海产软体动物有蛾螺科的日本东风螺与香螺、阿地螺科的泥螺、贻贝科的贻贝与加州贻贝、牡蛎科的长牡蛎、帘蛤科的蛤仔等。在一些国家和地区的特定海域内，一贯可食的贝类可突然被毒化，食用后即可引起中毒。可食贝类受毒化的原因，当前公认的是生物链外因性学说，即贝类的毒化与"赤潮"有关。"赤潮"即海水中出现变色红斑，伴有海洋动物的死亡，是某些单细胞微藻类在海水中迅速繁殖、大量集结而成的。贝类摄食有毒的藻类，其本身不中毒，但贝类有富集和蓄积藻类毒素的能力，人们食用后即可引起食物中毒。毒贝类有毒部位主要是肝、胰腺等。

3.2.1.3 麻痹性贝毒的预防控制措施

（1）食用农产品集中交易市场开办者应注意事项

国家管理部门公告强调，食用农产品集中交易市场开办者要查验贝类产品产地证明或者购货凭证、合格证明文件，留存入场销售者的社会信用代码或者身份证复印件，并承担购买者食用后中毒赔偿等相应法律责任。贝类产品销售者、餐饮服务提供者要落实进货查验记录制度，如实记录贝类产品和供货商的相关信息，保存相关凭证。销售贝类时，应当在摊位（柜台）显著位置如实公布贝类产品名称、产地、供货商等信息。不得采购和销售来源不明及禁止采捕和销售区域的贝类。出现因销售贝类产品中毒等问题，销售者、餐饮服务提供者要承担赔偿责任。

（2）消费者应注意事项

为确保群众饮食安全，有效预防麻痹性贝类毒素造成食品安全事件，国家监管部门提醒各经营企业、餐饮单位、消费者在购买贝类等水产品时，应选择去大型、正规超市或市场购买，尽量避免购买来自赤潮地区的贝类。沿海地区的消费者在毒素暴发高峰期不要采捕和购买食用野生的贝类。一旦发生麻痹性贝类毒素中毒，尽快到医院处理。

在烹饪贝类时，一定要煮熟煮透，高温会大大降低微生物污染所造成的食源性风险；避免食用贝类内脏、生殖器及卵子等发黑的部位；尽量减少食用频率，单次食用量不宜太多。蔬菜水果等含维生素C较多，多吃有助于肝排毒、加快毒素分解；牛奶、米汤等也可保护胃肠道，因此在吃海鲜前吃蔬菜水果，喝点米汤，或可起到轻微的缓解之效。

3.2.1.4 案例启示

麻痹性贝毒极易在贝类中积聚，相关部门应加强预防控制。在日常生活中，消费者应当在正规的食用农产品交易市场购买贝类等水产品，尽量避免购买来自赤潮地区的贝类。切勿自行采集并食用野生贝类。此外，贝类极易被微生物污染，因此在烹饪贝类时也应当煮熟煮透且少量食用。

3.2.2 雪卡毒素引发的食品安全案例

3.2.2.1 案例概述

2020年5月，新西兰食品安全局（New Zealand Food Safety Authority，NZFSA）发布召回通知，召回特定批次的冷冻清水石斑鱼，因为这些产品中含有雪卡毒素。具体召回情况如下：受召回产品名称为冷冻清水石斑鱼，从斐济进口到新西兰，于2020年3～5月份在基督城某市场出售。新西兰食品安全局要求消费者检查何时从商场购买的清水石斑鱼，并建议消费者不要食用上述召回产品，可将产品退回购买处以获得全额退款。

3.2.2.2 雪卡毒素的致病性及其危害

雪卡毒素（ciguatera toxin）是一种海洋藻类毒素，这种藻类主要生活在珊瑚礁周围。野生海鳗以及其他生活在珊瑚礁附近的野生海鱼（统称为珊瑚鱼类），可能由于大鱼吃小鱼，小鱼吃了珊瑚上的有毒海藻，导致鱼体内含有雪卡毒素。雪卡毒素会在鱼体内蓄积，并通过食物链逐级传递。

雪卡毒素对人体造成的危害主要是由食用含雪卡毒素的草食性鱼类和肉食性鱼类引起的。自 20 世纪 80 年代至今，随着人类对海洋蛋白质依赖性的增加，在世界范围内平均每年发生的雪卡毒素中毒人数达 5 万多人。过去，雪卡毒素引起的人体中毒事件仅局限于加勒比海地区和 $35'N\sim35'S$ 的太平洋地区，然而，有证据表明由于鱼类的洄游性和鱼类产品的贸易扩大，雪卡毒素也可影响其他地区。中国南海诸岛、台湾海峡和香港地区常有雪卡毒素中毒事件发生。雪卡毒素已成为影响渔业经济发展和公共卫生的一大障碍。

雪卡毒素中毒最显著的特征是"干冰的感觉"和热感颠倒，即当触摸热的东西会感觉冷，把手放入水中会有触电或摸干冰的感觉。雪卡毒素中毒有临界值，毒素进入血液后，需要很长时间才能将毒素排出，患者日后若再次接触到雪卡毒素，就算吃下很少分量，超过临界值时也会产生中毒症状。雪卡毒素中毒引起人体中毒的临床症状，有消化系统症状、心血管系统症状和神经系统症状。

雪卡毒素的产毒源是生活在珊瑚礁附近的多种底栖微藻。多年的生态调查表明，雪卡毒素的主要产毒藻类是具毒冈比甲藻、利马原甲藻、梨甲藻属等热带和亚热带底栖微藻种类，这些产毒微藻在我国南海诸岛和华南沿海地区的西沙、香港、海南岛和台湾等地珊瑚礁海域均有发现。通常雪卡毒素仅限于热带和亚热带海区珊瑚礁周围摄食具毒冈比甲藻和珊瑚碎屑的鱼类，特别是刺尾鱼、鹦嘴鱼等和捕食这些鱼类的肉食性鱼类（如海鳝、石斑鱼、沿岸金枪鱼等）。雪卡毒素对鱼类自身没有危险，毒素会慢慢积聚，越大的珊瑚鱼，含有毒素也越多。雪卡毒素在鱼类体内的含量并非均匀分布，其通常在有毒鱼类肝脏中含量较高，在肌肉和骨骼中其含量相对较低。

3.2.2.3 雪卡毒素中毒的预防控制措施

由于缺乏方便快速的检测技术，毒鱼的卫生监管难度加大，因此，应加强预防控制。海鱼越大，毒素含量越高。市民一定要慎食深海鱼，应避免进食 1.5kg 以上的深海珊瑚鱼类。此外，为安全起见，不要吃鱼的内脏。购买珊瑚鱼类最好放养 15 天左右，待毒素排出后再食用，可减少中毒机会。市民在烹制海鲜时，一定要煮熟煮透，保证食物的中心温度达到 70℃以上，莫因贪食生鱼导致病从口入。

目前尚无特效药物治疗雪卡毒素中毒，急救措施为迅速清除已进入人体内的毒物，如催吐、洗胃、导泻等，补充血容量，纠正水电解质和酸碱平衡失调等。同时，如果已经出现雪卡毒素中毒的人在 3~6 个月内应避免再次食用海鱼。

3.2.2.4 案例启示

大型野生珊瑚鱼体内极易含有雪卡毒素，相关政府部门应加强预防控制。在日常生活中，消费者应当慎食深海鱼，避免进食大型的深海珊瑚鱼类。此外，深海珊瑚鱼类在烹饪时应当煮熟煮透，且不要吃鱼内脏。

3.2.3 鱼胆中毒引发的食品安全案例

3.2.3.1 案例概述

2019年11月，广东罗定的刘某身体较弱，时常感冒头晕，全身皮疹。听说鱼胆有清热解毒的功效，于是取鲩鱼鱼胆服用。2h后，刘某先后出现腹痛、腹泻、呕吐、乏力等症状，感到头脑发晕、身体疲软，医生诊断为鱼胆中毒。

3.2.3.2 鱼胆中毒的致病性及其危害

鱼胆中毒是食用鱼胆而引起的一种急性中毒，鱼胆汁主要成分是胆盐、氰化物和组胺。胆盐可破坏细胞膜，使细胞受损伤；氰化物能抑制细胞色素氧化酶的功能，导致组织缺氧；组胺引发变异反应。青鱼、草鱼、鲢鱼、鲈鱼、鲤鱼胆中含有的胆汁毒素，能损害人体肝、肾，使其变性坏死；也能损伤人体脑细胞和心肌，造成神经系统和心血管系统病变。民间有以生吞鲤鱼胆来治疗眼疾、高血压及气管炎等病的做法，常因用量、服法不当而发生中毒。因为鱼胆中含有多种对人体有毒的物质，生吃鱼胆会导致不同程度的中毒，引起肝、肾功能的严重损害，重者造成急性肾衰竭而死亡。其中，以少尿型急性肾衰竭最为常见，且达鱼胆中毒死亡率的91.7%（以青鱼、草鱼和鲩鱼苦胆中毒最多见）。而且胆汁毒素不易被热和乙醇（酒精）所破坏，因此，不论生吞、熟食或用酒送服，超过2.5g就可中毒，甚至死亡。鱼胆中毒，主要是中毒后，首先出现胃肠道症状，肝、肾均受到损害，并可造成肝、肾衰竭而导致死亡。鱼胆中毒目前尚无特效解毒剂，血液净化在治疗鱼胆中毒中有极其重要的作用，鱼胆中毒导致的肾损伤，只有在早期积极干预下才存在可逆性，一旦中毒时间过长，很有可能造成肾的不可逆的损伤。一旦发生鱼胆中毒，要及时送医院，早诊断，早治疗，才能尽早治愈，降低死亡率。

已知的十多种有毒鱼胆，全部来自鲤形目鲤科。要特别小心青鱼、草鱼、鲢鱼、鳙鱼四大家鱼，还有鲫鱼、团头鲂（武昌鱼）、翘嘴鲌等鱼类。乌鱼、鲶鱼的胆无毒。如果按其毒性强弱排序，最毒的是鲫鱼的胆，随后是团头鲂、青鱼、鲢鱼、鳙鱼、翘嘴鲌、鲤鱼、草鱼的胆。

3.2.3.3 鱼胆中毒的预防控制措施

在烹饪前须将鱼胆全部清除掉。如发生鱼胆中毒，应尽快给鱼胆中毒者催吐或彻底洗胃。若不慎误食鱼胆，由于个体差异，不同的人在服用鱼胆后中毒反应不一，如出现腹泻、头晕乃至呕吐等疑似食物中毒症状，应立即压迫舌根催吐，尽快到医院治疗，以免延误治疗时机。同时，加强卫生宣传教育无疑是破除私自服胆治病这一陋习和及时诊断正确抢救的重要手段，但其根本措施还要逐步提高公民的科学文化水平和食品安全常识，不断增强综合国力，进一步改善其生活质量和健康状况。

3.2.3.4 案例启示

在日常生活中，消费者们应对民间说法及一些土方持怀疑态度，不可轻信，更不可传播。对鱼产品进行处理时，应注意将鱼胆清除干净，反复洗涤，防止残留。在食用完鱼肉后，发生恶心、腹泻和呕吐等身体不适症状，应立即前往医院救治，不可耽搁。

3.2.4 河鲀毒素引发的食品安全案例

3.2.4.1 案例概述

2013年3月，湛江农垦二院接诊雷州市多地共22位因食用有毒虾虎鱼中毒的患者。中毒者具体表现为手指、唇、舌麻痹、刺痛，后出现恶心、呕吐、四肢无力等症状。经广东省疾控中心会同当地市疾控中心调查，这起事件初步判定为一起误食含有河鲀毒素的云斑裸颊虾虎鱼引起的食物中毒事件。据调查，此次食物中毒事件是由于部分群众将云斑裸颊虾虎鱼当作弹涂鱼食用，此鱼可含河鲀毒素。

2020年11月，据日本德岛新闻报道，一名80多岁男性在吃下自己烹饪的河鲀后中毒身亡。经过医生对死因进行鉴定后发现，该男子体内存在剧毒物质——河鲀毒素。

3.2.4.2 河鲀毒素的致病性及其危害

河鲀毒素（tetrodotoxin，TTX）的分子式为$C_{11}H_{17}O_8N_3$，是鲀鱼类及其他生物体内含有的一种生物碱。河鲀毒素为氨基全氢喹唑啉型化合物，是自然界中所发现的毒性最大的神经毒素之一，曾一度被认为是自然界中毒性最强的非蛋白质类毒素。河鲀毒素毒理作用的主要表征是阻遏神经和肌肉的传导。除直接作用于胃肠道引起局部刺激症状外，河鲀毒素被机体吸收进入血液后，能迅速使神经末梢和神经中枢发生麻痹，继而使各随意肌的运动神经麻痹；毒量增大时会毒及迷走神经，影响呼吸，造成脉搏迟缓；严重时体温和血压下降，最后导致血管运动神经和呼吸神经中枢麻痹而迅速死亡。河鲀毒素可选择性抑制可兴奋膜的电压，阻碍Na^+通道的开放，阻止神经冲动的发生和传导，使神经肌肉丧失兴奋性。

河鲀毒素化学性质和热性质均很稳定，盐腌或日晒等一般烹调手段均不能将其破坏，只有在高温加热30min以上或在碱性条件下才能被分解。220℃加热20~60min可使毒素全部被破坏。中毒潜伏期很短，短至10~30min，长至3~6h发病，发病急，如果抢救不及时，中毒后最快在10min内死亡，最迟4~6h死亡。中毒后也缺乏有效的解救措施。

在公元前2500年的中国和埃及，人们就已知道部分鲀形目鱼类有毒，河鲀毒素之名，也因河鲀而起，在河鲀体内发现含河鲀毒素的器官或组织有肝脏、卵巢、皮肤、肠、肌肉、精巢、血液、胆囊和肾等。中国的鲀科鱼类共有54种，其中东方鲀属22种，中国共有35种河鲀具有不同程度的河鲀毒性。其中，在中国南海分布的有24种，在中国东海包括台湾沿海分布的有31种，在中国黄海分布的有14种，在中国渤海分布的有10种。河鲀含有丰富的挥发性气味物质和滋味活性成分，味道十分鲜美，这也是导致世界各地每年都会有因烹饪操作不规范或误食毒素含量较高的内脏组织而导致河鲀毒素中毒的事件发生。

河鲀毒素不仅存在于河鲀鱼体内，还广泛存在于蝾螈、海星、螃蟹、双壳类和腹足类等动物体内以及细菌中。

3.2.4.3 案例启示

河鲀味道虽然十分鲜美，但其含有的毒素不可小觑，消费者们应该提高对河鲀毒素的警觉性，自觉做到不销售、不购买、不捕捞和加工制作河鲀。消费者们可前往正规饭店和商家，食用由专人处理的河鲀鱼肉。

> **思考题**

1. 动物源天然食品的毒源分类有哪些？
2. 如何避免海产品中毒？
3. 通过上述案例总结我国食品安全管理体系的发展，思考当前存在的问题及今后的发展方向。
4. 家庭日常接触的动物性食品有哪些？分别含有什么毒素？在日常生活中如何防止此类食品引起的中毒事件？
5. 如何加强居民对动物性食品中毒的认识？
6. 谈谈你对我国动物源食物中毒事件发生原因的看法。

3.3 蕈类中毒引发的食品安全案例

3.3.1 案例概述

2020年7月，云南省卫生健康委员会发布消息显示，2020年5~7月份，云南省已发生野生菌中毒事件273起，导致12人死亡。据医院门诊数据显示，野生菌中毒的高峰时期为夏季。由于野生菌含有一些天然植物毒素，如生物碱类、肽类及其他化合物，患者在误食有毒野生蘑菇或不当食用野生菌后，出现恶心呕吐、腹痛腹泻和神经错乱等症状，严重时会导致肝、肾、脑、心等内脏受损，危及生命。

3.3.2 毒蕈类的致病性及其危害

毒蘑菇也称毒蕈、毒菌，是指人体食用会产生不良反应，甚至危及生命的大型真菌子实体，大部分为担子菌，少部分为子囊菌。我国目前已报道的毒蘑菇约有480种，世界范围内已报道的约有1000种，并且新型毒蘑菇种类正在不断被发现。

常见毒蘑菇种类为鹅膏菌属、牛肝菌属、裸盖菇属、丝膜菌属、鹿花菌属、杯伞属、鬼伞属、类脐菇属、裸伞属、红菇属等。目前，被发现的毒素有100多种，但对毒素结构和中毒机制研究较多的有7类，如环型多肽类、异噁唑衍生物、丝膜菌素、鬼伞素、毒蝇碱、色胺类化合物、甲基肼化合物。按照中毒的症状，可将毒蕈中毒的类型划分为6种，如胃肠炎型、神经-精神型、溶血型、肝损害型、呼吸与循环衰竭型、光过敏性皮炎型。

鹅膏菌属生长于世界各地，是目前公认的最毒的蘑菇之一，其中的绿盖鹅膏、双孢鹅膏和致命鹅膏等都是剧毒菌，主要靶器官是肝、肾及胃肠道。鹅膏菌中毒占蘑菇中毒事件90%以上，其中所含的鹅膏毒肽对人的致死剂量是0.1mg/kg，1名成年人吃1朵中等大小的此菇，就可能致死。

牛肝菌属又名见手青、风手青，在全世界范围内都有分布，是热带、亚热带的常见种类。由于牛肝菌种类繁多，有毒牛肝菌从外观上难以与其他可食用牛肝菌进行区分。已经报道的有毒牛肝菌主要包括松塔牛肝菌科和牛肝菌科。松塔牛肝菌科有3种有毒牛肝菌，分别是凤梨条孢牛肝菌、棱柄条孢牛肝菌和网孢松塔牛肝菌；牛肝菌科包含的有毒牛肝菌种类较多，约有35种，其中比较著名的有小美牛肝菌、黄粉牛肝菌和华丽牛肝菌。食用有毒牛肝菌后，有毒物质主要作用于自主神经系统。因为牛肝菌中含生物碱毒素、毒蝇碱、光盖伞素、蟾蜍素等毒素可产生致幻作用。

裸盖菇遍布全球，含裸盖菇素的蘑菇包括裸盖伞属、斑褶伞属、锥盖伞属和裸伞属4个属，其中主要是裸盖伞属和斑褶伞属的一些种类。在我国的许多地方也发现有含裸盖菇素的蘑菇分布，种类有10余种，如粪生花褶伞、钟形花褶伞、粪生裸盖伞等。主要致病毒素为裸盖菇素和脱磷裸盖菇素，其属于色胺衍生的生物碱类化合物，是一类神经致幻毒素，主要引起胃肠道不适和神经系统症状，中毒者出现幻视和情绪不稳定，一般摄入后3h内发病。除神经系统症状外，还可引起肾功能损害。

丝膜菌属分布全球，是蘑菇目中最大的属，目前已描述的物种超过2000种。主要有奥来丝膜菌和细鳞丝膜菌，主要致病毒素为奥来毒素，还含有少量鹅膏毒素，可引起急性肾衰竭并导致死亡。根据欧洲11个国家1965—1999年报道的245例中毒事件分析，导致中毒的物种有奥来丝膜菌与该属的其他物种。

鹿花菌属主要分布在欧洲及北美洲，主要致病毒素为鹿花菌素，属于甲基肼化合物，经摄入人体后可在胃的酸性条件下水解为剧毒物质——甲基肼及其衍生物。中毒的症状包括在食用后几小时出现呕吐及腹泻，接着是头昏、昏睡及头痛。

杯伞属全球大约有300种野生物种。这些菇类的特征为白色、灰白色、浅黄色、奶油色、粉红色或亮黄色的孢子，菌褶垂降到菌柄，以及具有浅白色、褐色或淡紫色的染色。杯伞属的主要毒性物质为丙烯醛酸（acromelicacids，ACROs），具有神经毒性，主要引起强烈的痛觉过敏和灼痛，表现为红斑性肢体痛病，出现足趾、足底部皮肤潮湿、红肿、灼烧感、胀痛和皮肤温度升高。

鬼伞属包含约40个物种，除南极洲之外的各个大陆均有分布。以墨汁鬼伞最为常见，其是一种致幻毒蕈，主要的毒性成分是鬼伞素。这种毒素在体内单独存在时没有毒性，但进食这类蘑菇后，如饮用酒精或含酒精饮品，会出现颜面及胸部潮红的现象，严重者出现心律失常、血压下降、呼吸急促、焦虑等症状。

类脐菇属中在中国毒性最显著的主要为月夜菌，其是一种会发光的剧毒蘑菇，因其菌体内含荧光素。食用腋菌1h后开始出现吐泻、腹痛、嗜睡、眩晕、呼吸缓慢、脉弱，重者呼吸困难，甚至死亡。

裸伞属在世界范围内分布广泛，有300余种，主要的致病毒素为光盖伞素及水解产物光盖伞辛，从中分离得到多异戊二烯多醇类化合物，目前认为其在体内碱性磷酸酶作用下可生成二甲基-4-羟色胺，产生神经毒性作用。误食0.5～1h内会出现意识障碍、举止癫狂等症状。

红菇属分布广，种类多，达750种。1992年和1993年，从亚黑红菇子实体中分离出6种苯醚类化合物，其中极毒物质红菇素在体外具有细胞毒活性。后来经过一系列动物实验发现，其主要的致死毒素为环丙-2-烯羧酸，中毒后早期表现为呕吐、腹泻，随后出现酱油色尿、肌肉胀痛、肾衰竭。

毒沟褶菌是新的剧毒蘑菇之一。毒沟褶菌中毒患者有胸闷、气促、肌肉酸痛等临床表现，伴有血清肌酸激酶和肌酸激酶同工酶升高，可能存在影响心肌的毒素。

3.3.3 蕈类中毒的预防控制措施

(1) 菌种来源安全可靠

选择具有可靠来源的菌，尽量减少食用野外采摘的菌。仔细甄别食用菌种类，对于无法确定的菌类切勿盲目尝试。

(2) 民间"秘方"不可信

不可相信一些民间"秘方"，如蘑菇和蒜末放在一起炒不会发生中毒，哪棵树下的蘑菇一定就没毒等。要明确蘑菇中毒的后果，不可盲目贪图美味，肆意行动。

3.3.4 案例启示

"佳肴千万道，安全第一要。"野生菌种类繁多，难以分辨有毒菌类，应该食用正规市场售卖的蘑菇，这类蘑菇具有安全保障。尽管有些野菌类无毒，但野生菌生长在没有安全保障的环境下，容易吸引爬行动物，沾染有毒腐烂物，有些有毒物质即使在高温烹煮的环境下也不易分解，进而危害人的生命健康。在误食中毒后一定要及时就医，切勿拖延。

思考题

1. 如何预防野生菌中毒？
2. 野生菌中毒症状有哪些？野生菌中毒后该如何处理？

参考文献

China CDC Weekly，2020. 2019 年中国蘑菇中毒事件报告[EB/OL].（2020-01-12）[2022-09-06]. http://www.nyzdjj.com/a/jjcs/swzd/2020/0112/877.html.

Li H J, Zhang H SH, Zhang Y Z, et al, 2020. Mushroom poisoning outbreaks — China, 2019[J]. China CDC Weekly, 2(2): 19-24.

Li H J, Zhang H SH, Zhang Y Z, et al, 2021. Mushroom poisoning outbreaks — China, 2020[J]. China CDC Weekly, 3(3): 41-45.

Yan W T, Wang Z, Lu SH, et al, 2020. Analysis of factors related to prognosis and death of fish bile poisoning in China: A retrospective study [J]. Basic & clinical pharmacology & toxicology, 127(5): 419-428.

安徽网，2015. 吃了发芽马铃薯 庐江一家三口食物中毒[EB/OL].（2015-11-20）[2022-05-09]. http://www.ahwang.cn/p/1476064.html.

毕婷，2018. 吃鱼胆能解毒？男子生吞3个鱼胆中毒抢救13天[EB/OL]. http://www.cjn.cn/jsxw/201811/t3304679.htm.

陈浩，2021. 发芽严重的土豆不能吃[EB/OL].（2021-09-14）[2022-09-16]. http://www.hinews.cn/piyao/system/2021/09/14/032616111.shtml.

陈作红，2020. 丝膜菌属有毒蘑菇及其毒素研究进展[J]. 菌物学报，39(9): 1640-1650.

成都商报，2018. 鱼胆治病？ 非常致命！——妈妈说鱼胆能清热 小伙生吞三个中毒[N/OL].（2018-11-09）[2022-09-06]. http://e.chengdu.cn/html/2018-11/09/node_11.htm.

邓孟胜，张杰，唐晓，等，2019. 马铃薯中龙葵素的研究进展[J]. 分子植物育种，17(7): 2399-2407.

邓旺秋，李泰辉，张明，等，2020. 华南常见毒鹅膏菌及其中毒事件分析[J]. 菌物学报，39(9): 1750-1758.

丁晓雯，2011. 食品安全学[M]. 北京：中国农业大学出版社.

富阳新闻网，2020. 网购巴豆泡水喝 剧烈腹泻跑急诊[EB/OL].（2020-06-29）[2022-05-09]. http://www.fynews.com.

cn/html/2020/06/29/15934091182276. html.

高琳,肖潇,2014. 鱼胆到底是剧毒还是神药?[N]. 湖南科技报,2014-8-28(5).

广东省药品监督管理局,2017. 预防雪卡毒素食物中毒温馨提示[EB/OL]. （2017-09-30）[2022-09-06]. http://mpa. gd. gov. cn/ztzl/zdly/aqxf/xfjs/content/post＿1848820. html.

广州日报,2019. 又一例生吞鱼胆险些没命! 鱼胆莫当药, "煎炸炆煮泡"都不行! ?[N/OL]. （2019-11-01）[2022-09-06]. https://www. gzdaily. cn/amucsite/web/index. html♯detail/1052451.

郭桂玲,2013. 日本大阪发现食用大阪湾贝类中毒病例[EB/OL].（2013-05-02）[2022-09-16]. https://world. huanqiu. com/article/9CaKrnJAkXd.

许文金、陈建军,2020. 日本德岛县一老人在家中自己烹饪河鲀鱼中毒身亡[EB/OL]. （2020-11-03）[2022-09-06］. http://japan. people. com. cn/BIG5/n1/2020/1103/c35421-31917458. html.

环球网,2013. 日本大阪发现食用大阪湾贝类中毒病例[EB/OL]. （2013-05-02）[2022-09-06]. https://world. huanqiu. com/article/9CaKrnJAkXd.

黄红英,陈作红,2003. 蘑菇毒素及中毒治疗(Ⅲ)——裸盖菇素[J]. 实用预防医学,10(4)：620-622.

黄琪琳,曹媛,刘智禹,2020. 河鲀的营养风味、毒素、贮藏保鲜及加工研究进展[J]. 华中农业大学学报,39(6)：50-58.

匡婕妤,符晴,2019. 以为可清热解毒明目,发生多起食用鱼胆中毒[EB/OL]. （2019-12-15）[2022-09-16]. http://csszxyy. ihwrm. com/index/article/articleinfo. html?doc＿id＝3403999.

李洁,2020. 当心中毒 路边的蘑菇你可不要采［N/OL］. （2020-09-15）[2022-05-09]. 北京青年报. http://epaper. ynet. com/html/2020-09/15/node＿1341. htm.

刘易,2016. 中成药中氰苷类有毒成分的筛查、定量测定和体外转化研究[D]. 北京：中国人民解放军军事医学科学院.

刘颖,2020. 昏迷不醒竟只因贪鲜[J]. 检察风云(16)：48.

澎湃新闻,2020. 自行烹制河豚并给他人食用致一人重伤, 一渔民获刑一年[EB/OL].（2020-06-09）[2022-09-06]. https：//www. thepaper. cn/newsDetail＿forward＿7767621.

厦门广电网,2022. 两人生吃泥螺致中毒性肝损伤［EB/OL］. （2022-02-11）［2022-09-06］. https：//2020. xmtv. cn/xmtv/2022-02-11/40e0ef21fc842b5f. html.

厦门日报,2022. 生吃泥螺脸黄眼黄肝受损［N/OL］.（2022-01-25）［2022-09-06］. https：//epaper. xmnn. cn/xmrb/20220125/11. pdf.

食品伙伴网,2020. 新西兰召回含雪卡毒素的冷冻清水石斑鱼［EB/OL］.（2020-06-02） [2022-09-06]. http：//news. foodmate. net/2020/06/561899. html.

图力古尔,包海鹰,李玉,2014. 中国毒蘑菇名录［J］. 菌物学报,33（3）：517-548.

王海波,2013. 中使馆吁赴斯里兰卡中国公民勿食用不明野生植物［EB/OL］.（2013-06-20）[2022-09-06]. https：//www. chinanews. com. cn/hr/2013/06-20/4952046. shtml.

王梦姣,杨国鹏,乔帅,等,2015. 牛肝菌科真菌的研究进展［J］. 贵州农业科学,43（12）：23-25.

王治国,王烨捷,2019. 上海一渔民出售两条野生河豚获刑三年［EB/OL］.（2019-09-21）[2022-09-06]. http：//news. youth. cn/fzlm/201905/t20190516＿12076184. htm.

翁雪梅,李思惠,2020. 急性化学物中毒性多器官功能障碍综合征研究及进展［J］. 安徽预防医学杂志,26（2）：123-126.

吴莹莹,高利慧,康前进,等,2020. 大型真菌来源含氮杂环化合物的结构及生物活性研究进展［J］. 食用菌学报,27（2）：120-138.

肖恒,2016. 水产食品安全影响因素的研究论述［J］. 食品安全导刊(36)：44.

潇湘晨报,2013. 长沙学院27名学生腹泻 原是米粉中被投放巴豆［N/OL］.（2013-1-9）[2022-05-09]. http：//epaper. xxcb. cn/xxcba/html/2013-01/09/content＿2676803. htm.

新华网,2013. 广东湛江雷州市22人中毒 初步判断食用云斑裸颊虾虎鱼所致［EB/OL］.（2013-03-19）[2022-09-06]. http：//politics. people. com. cn/n/2013/0319/c70731-20843605. html.

徐连浦,陈建江,乔学权,2019. 我国口岸首例雪卡毒素中毒事件处置［J］. 中国国境卫生检疫杂志,42（2）：151-152.

央视国际,2005. 菲律宾一小学发生食物中毒至少25名学生死亡［EB/OL］.（2005-03-11）[2022-05-09］. https：//www. cctv. com/program/dysj/20050310/102295. shtml.

羊城晚报,2017. 一条鲜美海鳗毒倒一家大小？［N/OL］.（2017-10-18）[2022-09-06］. https：//www. chinanews.

com. cn/m/life/2017/10-18/8355431. shtml.

羊城晚报，2021. 有剧毒！梧桐山发现"鹅膏"蘑菇［N/OL］.（2021-03-19）［2022-05-09］. http：//ep. ycwb. com/epaper/ycwb/html/2021-03/18/content _ 6 _ 368707. htm.

杨艳，邵瑞飞，陈国兵，2020. 蘑菇中毒机制研究进展［J］. 临床急诊杂志，21（8）：675-678.

于仁成，罗璇，2016. 我国近海有毒藻和藻毒素的研究现状与展望［J］. 海洋科学集刊，11：155-166.

云南日报，2021. 鹅膏菌大多有毒 警惕误食毒菌中毒［N/OL］.（2021-07-10）［2022-05-09］. http：//yn. people. com. cn/n2/2021/0710/c378439-34814170. html.

云南省卫生健康委，2020. 采取"四早"措施 落实野生菌中毒防控工作［EB/OL］.（2020-07-24）［2022-09-06］. http：//ynswsjkw. yn. gov. cn/web/doc/UU159557727957122224.

泽夕，2020. 新西兰召回含雪卡毒素的冷冻清水石斑鱼［EB/OL］.（2020-06-02）［2022-09-06］. http：//news. foodmate. net/2020/06/561899. html.

厦门网，2021. 紧急提醒！漳州发生多起食物中毒事件，都是因为它！很多厦门人也爱吃［EB/OL］.（2021-12-16）［2022-09-06］. https：//mp. weixin. qq. com/s/xYyQGhixCMoOX9saVWy0Yg.

长沙市中心医院，2019. 以为可清热解毒明目，发生多起食用鱼胆中毒［EB/OL］.（2019-12-15）［2022-09-06］. http：//csszxyy. ihwrm. com/index/article/articleinfo. html? doc _ id＝3403999.

赵峰，周德庆，李钰金，2015. 海洋鱼类雪卡毒素的研究进展［J］. 食品工业科技，36（21）：376-380.

浙江省省市场监管局，2019. 浙江省市场监督管理局端午专项食品安全监督抽检信息公告（2019年第21期）［EB/OL］.（2019-06-06）［2022-09-15］. http：//zjamr. zj. gov. cn/art/2019/6/6/art _ 1228969897 _ 41121886. html.

郑浩，2020. 自行烹制河鲀并给他人食用致一人重伤，一渔民获刑一年［EB/OL］.（2020-06-09）［2022-09-06］. 澎湃新闻. https：//www. thepaper. cn/newsDetail _ forward _ 7767621.

中国青年报，2019. 上海一渔民出售两条野生河豚获刑三年［N/OL］.（2019-09-21）［2022-09-06］. http：//news. youth. cn/fzlm/201905/t20190516 _ 12076184. htm.

中国新闻网，2016. 河南信阳数十名学生中毒系发芽土豆引起 校长被免职［EB/OL］.（2016-12-22）［2022-05-09］. https：//www. chinanews. com. cn/sh/2016/12-22/8102132. shtml.

中国新闻网，2013. 中使馆吁赴斯里兰卡中国公民勿食用不明野生植物［EB/OL］.（2013-6-20）［2022-05-09］. https：//www. chinanews. com. cn/hr/2013/06-20/4952046. shtml.

中国新闻网，2017. 左盛丹. 2017. 一条鲜美海鳗 毒倒一家大小？［EB/OL］.（2022-09-06）［2017-10-18］. https：//www. chinanews. com. cn/life/2017/10-18/8355431. shtml.

第 4 章

重金属污染引发的食品安全案例

学习目标

1. 了解国内外发生的重金属引发的典型食品安全案例。
2. 掌握国内外重金属引发的食品安全案例发生原因。
3. 学习避免食品重金属污染的措施。

学习重点

1. 国内外重金属引发食品安全案例的主要原因。
2. 食品中重金属污染的危害及预防控制措施。

本章导引

引导学生用不同的身份和角度完成课程学习,以"食品安全专业学习者"的视角完成"客观"的案例描述,以"食品生产者"的视角完成专业的案例剖析,以"食品安全管理者"的视角完成有高度及深度的案例分析。

4.1 汞污染引发的食品安全案例

4.1.1 案例概述

1956年,日本熊本县水俣湾附近出现一种奇怪的病。这种病症最初出现在猫身上,被称为"猫舞蹈症"。病猫步态不稳、抽搐、麻痹,甚至跳海死去,被称为"自杀猫"。随后不久,当地也陆续出现患这种病症的人。患者症状表现为轻者口齿不清、步履蹒跚、面部痴呆、手足麻痹、感觉障碍、视觉丧失、震颤、手足变形,重者精神失常,或酣睡,或兴奋,身体弯弓高叫,直至死亡。经调查确认,该病是由于当地居民经常食用被甲基汞污染的鱼贝类海产品而罹患的生理和精神疾病。到2001年3月,日本环境厅最终认定受害患者共计2265名,其中1784人已经死亡。

2003—2005年,英国药品与健康产品管理局(Medicinesand Healthcare Products Regulatory Agency,MHRA)分别在萨里、埃塞克斯和伦敦查获了含汞超标的复方芦荟胶囊,其中在埃塞克斯查获的汞含量超标 11.7 万倍，食用汞超标的胶囊易导致肾衰竭和肝功能损伤。

4.1.2 汞污染的致病性及其危害

(1) 汞的毒性作用机制

汞在自然界有 3 种存在形式，即元素汞（Hg）、无机汞（Hg^+、Hg^{2+}）和有机汞，大量实验证据表明，各种形态的汞及其化合物均可直接或通过食物链间接在动物和人体内蓄积并引起多器官多系统毒性作用。

汞蒸气极易通过肺泡进入人体，在红细胞和其他组织中被氧化成 Hg^{2+}，由于 Hg^{2+} 与蛋白质和酶中的巯基反应形成牢固的硫汞键，改变了蛋白质尤其是酶的结构与功能，使细胞代谢紊乱，导致组织器官病变。金属汞易在脑组织中蓄积，引起损害作用。

肾是无机汞表达毒性的主要靶器官。生物系统中存在的大多数汞离子都与含有游离巯基的分子结合。汞离子对巯基具有较强的亲和力，与含巯基的分子结合形成巯基-汞复合物。误服大量汞盐和升汞及甘汞等无机态汞，易在肾内积累，导致肾障碍，可出现急性腐蚀性胃肠炎及汞毒性肾病。汞离子较难通过血脑屏障返回血液，逐渐积累在脑组织中，损害脑组织。胃肠道中存在的汞离子的种类高度依赖于所摄入食物的成分，由于所摄入的食物通常含有高浓度的含有巯基分子，如氨基酸和肽，这些分子可以与汞离子结合形成复合物，进而被小肠吸收。汞离子在肾中通过肾小管被摄取，一旦汞离子进入细胞内隔间，它们就会与蛋白质和非蛋白质巯基结合，如谷胱甘肽（glutathione，GSH）和金属硫蛋白（metallothionein，MT）。汞与更大的含巯基分子（如 MT）结合会产生一种不可运输的汞，从而促进汞离子在细胞内的积累。

有机汞中尤以甲基汞的毒性对动物和人类危害最大。甲基汞易在人体中枢神经系统（central nervous system，CNS）、肝和肾中积累，可升高小脑中脂质过氧化物（lipid peroxide，LPO）的含量。汞在机体内，一方面与谷胱甘肽等抗氧化物结合，降低体内消除自由基的能力；另一方面又可产生自由基，导致体内 LPO 含量升高，最终导致细胞死亡。甲基汞可影响胆碱类、单胺类、氨基酸类神经递质和新型气体神经递质一氧化氮的合成、代谢及与受体的结合等多个环节，从而干扰神经元之间的信息传递。甲基汞中毒的临床症状与大脑特定区域的神经细胞死亡有关，并且会对大脑和中枢神经系统造成严重的后果。甲基汞毒性作用的靶器官主要是胚胎和胎儿神经系统。甲基汞的高脂溶性及扩散性使其透过胎盘屏障和血脑屏障，对胎儿的神经系统造成直接损害，导致神经系统畸形。

(2) 食品汞污染对人体健康的危害

通常微量汞摄入对人体不会产生危害，因其可经尿、粪和汗液等途径排出体外。但汞的蓄积性很强，若长期食用被汞污染的食品，则可能在体内引起慢性汞中毒等一系列不可逆的神经系统中毒病变，主要表现为神经精神障碍、意向性震颤、口腔牙龈炎、尿蛋白等。

甲基汞分子量小，碳链短，非电离且脂溶性大，极易透过血脑屏障，对中枢神经系统有很强的毒性作用。甲基汞中毒分为急性、亚急性、慢性和潜在性危害 4 种类型。当甲基汞在短期内大量侵入体内时，即出现痉挛、麻痹、意识障碍等急性中毒症状，很快死亡。长期生活在被甲基汞污染地区的人有明显的共济失调、发音困难、震颤等神经症状。甲基汞可诱发新生儿产生先天性疾病，使其产生智力低下、精细动作障碍、神经发育迟缓等症状，甚至出现脑性麻痹。除此之外，甲基汞还能侵害精子和卵子，使染色体发生变异，导致胎儿畸形。

4.1.3 引发汞污染的主要食品类别

汞污染食品主要通过含汞的工业废水污染水体，使水体中的鱼、虾和贝类等受到污染；直接污染植物性食品原料；同时，农田淤泥中含汞过高，也会导致农产品或其他水生生物受到汞的污染。鱼贝类是汞的主要污染食品，汞主要蓄积在鱼体内的脂肪中。水产品中的汞主要以甲基汞形式存在，而植物性食品中的汞以无机汞为主。《食品安全国家标准 食品中污染物限量》（GB 2762—2017）中规定了各类食品中总汞和总甲基汞的限量，汞（以 Hg 计）在蔬菜及其制品中最大限量值为 0.01mg/kg；乳及乳制品中最大限量值为 0.01mg/kg；食用菌及其制品中最大限量值为 0.1mg/kg；肉及肉制品中最大限量值为 0.05mg/kg。

（1）植物性食品

国内外研究发现，植物从环境中吸收的汞来自两个渠道，即土壤和大气。土壤是植物汞的重要来源，土壤汞无论其含量高低，都能持续不断地向植物输送汞，成为陆生食物链的汞源。由多年生植被从大气或土壤中长期吸收富集并残留于土壤与残落物中的汞，由于其再散发和再循环进入陆生系统并向食物链转移，而成为陆生植物的一个重要汞源。

在天然情况下，汞在大气、土壤和水体中均有分布，汞的迁移转化也在土壤、水、空气之间发生。在大气中，气态和颗粒态的汞随风飘散，一部分通过湿沉降或干沉降落到地面或水体中。土壤中的汞可挥发进入大气，也可被降水冲淋进入地表水和渗透入地下水中。土壤汞能持续不断地向植物输送汞，是陆生食物链的汞源。土壤中汞的存在形态为金属汞、无机汞和有机汞，3 种形态在一定条件下可互相转变。地表水中的汞一部分由于挥发而进入大气，大部分则沉淀进入底泥。在水环境中，水中汞会发生气态迁移，1%～10%挥发到大气中。水中一些物质可与汞形成络合物，汞随水体运动而运动，水中的悬浮物和基质吸附汞，汞会转向底泥沉积物，在微生物的参与下，通过其体内的甲基谷氨酸转移酶的作用，将无机汞转变为能溶解于水的甲基汞或者二甲基汞，进入食物链被富集，从而放大污染效应。

（2）动物性食品

汞对生物有剧毒，为非必需元素，其生物学效应十分明显。由于汞很难溶于水，一旦进入生物体就不容易排出，在许多动物体内可检测出汞，其含量大小直接受环境汞和生物特性的制约。生物体对汞有选择性吸收和局部富集的特性，动物的肝、肾、脑（或鳃）中汞的富集积累量最大，动物肌肉的含汞量最少。

汞的蓄积性很强，且主要蓄积在动物体内。动物产品中，汞污染主要来源于自然界生物链的富集作用，如水生生物极易富集水体中的甲基汞，其甲基汞浓度比水中高上万倍。甲基汞在体内代谢缓慢，可引起蓄积中毒。进入人体的汞主要来自被污染的鱼类，水质受污染后，水中浮游生物不断摄入进入水体的无机汞离子，在厌氧微生物作用下，可转化为有机汞或直接排入水体中，并经过水生生物食物链的累积作用而浓缩。同时，鱼类吃了这些浮游生物后汞就在鱼体内富集，主要蓄积于鱼体脂肪中，人们在进食鱼类尤其是深海鱼类时，汞及其化合物溶解在其脂肪类物质中，从而摄入人体被吸收，造成人体内汞的蓄积。

4.1.4 汞污染的预防控制措施

鉴于食品中重金属汞污染对人体的危害，且为防止汞污染加剧，我国修订了多项相关标准，我国国家标准对在各种环境介质及污染物排放源中汞的浓度也做了一定限制。包括《食品安全国家标准　食品中总汞及有机汞的测定》(GB 5009.17—2021)、《食品安全国家标准　食品中污染物限量》(GB 2762—2017)、《粮食（含谷物、豆类、薯类）及制品中铅、铬、镉、汞、硒、砷、铜、锌等八种元素限量》(NY 861—2004)等，为食品汞污染的预防提供了科学依据。

(1) 加强汞污染控制技术的研究与开发

燃煤汞污染是我国汞污染的一个重要来源。引进和发展清洁能源，减少煤炭在一次能源中所占的比例或对其进行清洁利用，调整能源结构，降低涉汞污染。同时，加强汞污染控制技术的研究与开发，对大气、水体与土壤环境中可能造成食品汞污染的因素加强监测与控制。

政府需对涉及汞污染的行业加强源头治理。运用法律和行政管理手段严格限制含汞"三废"的排放。改革生产工艺，科学管理与操作，大力推广闭路循环和无毒工艺，以减少或消除含汞污染物的产生。农业上，科学施用化肥、农药，大力发展高效、低毒、低残留农药，禁止或限制使用剧毒、高残留性农药，发展生物防治措施，将汞残留对人体健康的危害限制在最低程度。

(2) 加强食品安全监管力度

建立严密的食品监管网络，对农产品的种植养殖、生产包装、贮运、销售等各个环节实行全过程监管，确保食品安全。在形态分析、样品前处理、快速检验等方面完善汞的检测技术，严格检验生产的原辅材料、食品添加剂以及生产加工食品时是否引入了污染物质。各级质量技术监督部门需根据不同类型食品的特点及产品质量情况，组织实施食品质量安全抽查，防止汞污染食品进入销售市场。

(3) 加强宣传和教育力度

公众的参与度对汞污染预防和控制至关重要。"民以食为天"，加强食品安全管理尤为重要。通过汞污染预防知识的宣传、讲座、咨询和公共互动平台，让食品生产者、消费者和管理者掌握并获得相关信息，认识到食品中汞污染问题的重要性，增强公众暴露风险预防的能力。宣传内容应当通俗易懂，突出重点，使更多老百姓充分认识到汞的危害性。再以此为基础，通过引导的方式，让人们在购买所需产品时将无汞的绿色产品作为首选，真正做到科学消费、节约能源。

(4) 对固体废弃物、垃圾分类进行科学管理

对生活垃圾进行分类收集和处理，如对体温计、荧光灯管、含汞的电池等产品采取具有针对性的收集和处理措施，避免不必要的汞污染问题。各大、中型城市应该将垃圾分类提上工作日程，对高含汞量的垃圾做到及时、科学处理，在防治汞污染的基础上，保护社会的生态环境。

(5) 开展生物修复

① 植物修复

植物修复是一种很有效且廉价的处理污染新方法。例如，将食汞基因导入杨树等树木，使植物修复汞污染发挥更大的生态效益。种植可监测、减弱或消除环境中有害因素影响的一类防护植物，如夹竹桃、美人蕉、樱花、桑树等对大气中的汞污染有较强的吸收能力。

② 微生物修复

利用微生物对某些重金属的吸收、沉积、氧化和还原等作用来修复。例如，中国科学院上海生命科学研究院植物生理生态研究所和美国南卡罗来纳州大学的科学家展开合作，利用烟草具有植株大、生长快、吸附性强、种植范围广、基因易转移等特点，从微生物中分离出一种可将无机汞转化为气态汞的基因，经过序列改造，再将其转入烟草，这种烟草即可大量"吞食"土壤和水中的汞，将其转化为气态汞后，再释放到大气中。经过3年合作努力，培育出世界上首次具有明显食汞效果的转基因烟草，这种转基因烟草食汞效果比常规烟草提高了5~8倍，这在人类治理汞污染的道路上迈出了重要一步。2017年，哈佛大学WYSS生物启发工程研究所的研究团队提出一种具有自主调节功能的微生物系统，能很好防止汞渗透到植物或动物的食物链循环中。即用细菌将汞吸收到细胞体内，或用表面暴露的汞结合蛋白来捕获汞离子，以实现对汞污染的去除。

（6）开展食品中汞的检测

我国国家标准《食品国家安全标准 食品中总汞及有机汞的测定》（GB 5009.17—2021）中规定了食品中总汞的测定方法，包括原子荧光光谱分析法（atomic fluorescence spectrometry，AFS）、直接进样测汞法、电感耦合等离子体质谱法（inductively coupled- mass spectrometry，ICP-MS）和冷原子吸收光谱法（cold vapor atomic absorption spectrometry，CV-AAS）。该标准还规定了食品中甲基汞的测定方法为液相色谱-原子荧光光谱联用法（liquid chromatography-atomic fluorescence spectrometry，LCAFS）和液相色谱-电感耦合等离子体质谱联用法。

除国标规定的测定方法外，不少科研人员探索了其他方便快捷的高灵敏度、高选择性的食品中汞与甲基汞的检测方法，包括分光光度法、原子吸收法、原子荧光法、电感耦合等离子体原子发射光谱法（inductively coupled- atomic emission spectrometry，ICP-AES）以及气相色谱-光谱/质谱联用技术等，应用最普遍的是原子光谱法、质谱法。另外，还开发了快速检测技术包括生物化学传感器、免疫分析法和电化学分析法。快速检测技术因其简便、灵敏、高效、环境污染小且成本低等优势，将成为今后的重要发展方向。

4.1.5 案例启示

（1）建立汞污染减排管理制度和管理体系

通过相应的法律法规加强对汞排放和汞污染的控制，实施有关环境保护的相关政策，协调政府其他各部门的环境保护计划和措施，预防或减少汞及其化合物对大气、水和土壤的污染。对相关的工业部门严格管控，同时实施监察制度，相关工业企业等须对其污染物排放进行监测并向相关部门递交年度报告，加大执法和处罚力度。

（2）加强汞减排科研能力建设

对重点行业和重点区域开展汞减排技术研发和示范工程，建立健全国家环境汞监测网络。目前，汞在回收处理过程中的迁移转化以及健康风险成为一个研究焦点。

（3）立足国情，推进我国重点行业的汞减排工作

我国汞污染防治主要涉及采矿、有色金属、燃煤和化工等国家支柱产业，其中有色金属冶炼和燃煤是我国汞排放的重点行业，汞污染防治面临着巨大压力。工业生产过程应实施可行的监测和补救措施，建立更全面的汞回收计划，可进一步减少汞的环境暴露。

(4) 加强宣传，提高全民的汞污染防治意识

汞污染防治关系到每一位公民的切身利益，目前我国汞污染防治宣传工作尚需要政府部门的进一步推动和落实，匹配专门的机构与资金，多渠道普及汞污染防治的重要性。

思考题

1. 食品中的汞污染来源是什么？
2. 食品汞中毒的症状有哪些？
3. 总结汞中毒机制以及食品汞中毒对人体的危害。
4. 如何预防控制食品中的汞污染？
5. 谈谈你对我国重金属污染引发食品安全事件的看法。

4.2 镉污染引发的食品安全案例

4.2.1 案例概述

20世纪五六十年代日本某些地方因环境恶化而出现了四种公害病：足尾矿毒、四日市哮喘、痛痛病、水俣病。这让日本人认识到了问题的严重性，后两种公害病曾经一度震惊世界。"痛痛病"出现在日本富山县的神通川流域，患者大多是妇女，发病时关节持续疼痛，然后全身发生神经痛、骨痛现象，行动困难，甚至呼吸都会带来难以忍受的痛苦。到后来，患者通常会骨骼软化萎缩，四肢弯曲，脊柱变形，骨质疏松，连咳嗽都可能造成骨折，最终无法进食，常常忍不住喊"痛、痛"，甚至有的人因忍受不了病痛的折磨而自杀。此病因此得名"痛痛病"。1946—1960年，日本医学界经过长期分析研究后，发现"痛痛病"的病因，源于神通川上游的神冈矿山排放的含镉废水。怪病的元凶是神通川上游的矿山，炼矿产生的镉随废水排入河里，造成当地通川流域鱼虾贝类死亡、稻米减产，镉随水、食物进入人体内后引起了中毒。

2006年1月8日，株洲市天元区马家河镇某村部分村民反映身体不适，怀疑邻近的株洲高新技术开发区某公司废水有污染。当地政府立即组织医疗部门对有不适反应的村民进行检查，发现尿镉超标。

据时任湖南省环保局局长介绍，事件发生后，有关部门组成了调查组。通过实地调查，形成了关于"环境污染""人体尿镉""饮用水源""耕地土壤和农作物""地下水"等5个问题的调查结论。调查结论认为，该村部分村民身体不适反应系镉污染所致，而镉污染主要是由于这个区域土壤中含镉本底值高、区域内工业污染源的排入、农业生产中施用高镉化肥等多种原因形成。其中饮用水和地下水都没有受到镉污染，耕地土壤已受到镉污染，稻谷中重金属含量超标，不宜食用，叶类蔬菜中重金属含量超标，应限制种植。

4.2.2 镉污染的致病性及其危害

(1) 镉的毒性作用机制

镉（Cd）是一种环境中常见且对人体毒性很强的重金属污染物，美国毒物与疾病登记

署（Agency for Toxic Substances and Disease Registry，ATSDR）把镉列为第六位危害人体健康的有毒物质，联合国环境规划署（United Nations Environment Programme，UNEP）和国际职业卫生重金属委员会也将镉列入重点研究的环境污染物，世界卫生组织则将其作为优先研究的食品污染物。食物、饮水、烟草和含镉的粉尘是镉进入人体的主要介质。镉的非职业接触主要通过吸烟及食物链途径进入体内，因此各种原因导致的土壤镉污染将会持续影响农产品安全和非职业接触人群健康。镉在体内的生物半减期为 $10a \sim 30a$（注：a 代表每日摄入量），非职业接触人群健康危害表现为低剂量暴露、长期接触和慢性中毒效应，镉可对身体多个系统产生慢性损伤，且镉具有致突变性并被国际癌症研究机构认为是 1A 类致癌物。

（2）食品镉污染对人体健康的危害

进入人体的镉会在体内形成镉硫蛋白，该蛋白质通过血液运输到全身各处，并能选择性地蓄积于肾和肝。肾蓄积的镉是其总吸收量的 1/3，肾也是镉中毒的靶器官。此外，在脾、胰腺、甲状腺、睾丸以及毛发中也有一定程度蓄积。镉主要通过粪便排出体外，同时也有少量通过尿液排出。在正常人的血液中，镉含量很低，一旦接触镉后血液中镉含量会升高，但停止接触后可迅速恢复正常。镉与含羟基、氨基、疏基的蛋白质分子间发生结合，能抑制许多酶系统反应，进一步影响肝和肾中酶系统的正常功能。镉还会对肾小管造成损伤，使人出现糖尿、蛋白尿和氨基酸尿等症状，增加尿钙和尿酸的排出量。

镉中毒可致肾功能不全，同时还会对维生素 D_3 的活性产生影响，阻碍骨骼的生长代谢，进一步出现骨骼疏松、萎缩及变形等。慢性镉中毒主要影响肾，最典型的例子是日本著名的"痛痛病"。另外，慢性镉中毒还可引起贫血。急性镉中毒大多由于在生产环境中一次吸入或摄入大量镉化物引起，大剂量的镉是一种较强的局部刺激剂。含镉气体通过呼吸道会引起呼吸道刺激症状，如出现肺炎、肺水肿、呼吸困难等。镉从消化道进入体内，人会出现呕吐、胃肠痉挛、腹疼、腹泻等症状，甚至可因肝肾综合征死亡。

4.2.3 镉污染的预防控制措施

食品中镉污染的来源与土壤、水源关系密切，因此通过对污染的土壤和水体进行预防可实现对重金属镉污染的有效控制。

针对土壤和水体中的重金属污染：首先，要降低工业生产造成的污染，避免污染范围进一步扩大；其次，要根据土壤和水体的性质差异，了解并掌握重金属污染物的吸附特性，以此为依据开展相应治理工作，从源头上控制镉污染的发生；最后，针对污染相对严重的土壤，可利用不同的作物逐年清除作物根系和增施沸石粉等方法对其进行修复。

针对食品中镉的污染情况：一方面要加强控制作物的种植和动物的养殖环节，对农药、兽药以及饲料中的有害添加物质进行严格控制；另一方面要依据《中华人民共和国食品安全法》对食品加工企业进行严格监管。

预防镉中毒营养摄入：蛋白质的摄入水平应充足；钙摄入量不低于 800mg，高钙膳食对镉中毒有保护作用；摄入适量的锌，补锌能促进金属硫蛋白的合成，降低对肝、肾的损害程度，促进恢复；足够的抗坏血酸可与镉的毒性之间产生拮抗作用。

为全面提高食品中重金属镉的检测效率，需要注重综合运用多样化的检测方法，避免受重金属镉的影响而危害人体健康。其中，比较常见的检测技术为原子吸收光谱法、原子荧光光谱法、紫外分光光谱法等。

样品前处理作为食品检测的关键环节，对检测结果的影响相对较大。且食品样品成分较为复杂，会对检测结果造成干扰，因此，必须做好前处理工作。通常会运用湿式消解法与灰化法对样品进行前处理。另外，分散液液微萃取法也是当前食品检测中较为先进的技术，其主要是借助微量萃取机与分散剂进行处理，可为后期检测提供帮助。

（1）原子吸收光谱法

原子吸收光谱法是运用共振辐射吸收确定重金属镉的含量，灵敏度较高，且检测结果的准确度符合检测要求，使用范围广泛。

（2）原子荧光光谱法

原子荧光光谱法用在食品中重金属镉的检测中时，需要将待测元素的原子蒸气设定在特定的频率范围内，并利用辐射能形成的荧光发射强度，实现对元素含量的测定，且原子荧光光谱法具有高灵敏度、强选择性和抗干扰能力，对检测样片的需求量相对较低，是当前食品中重金属镉较为常见的检测方法。

（3）紫外分光光谱法

紫外分光光谱法主要利用被检测物质对紫外可见光的选择性吸收进行分析，这种检测方法在实际使用过程中具有一定的便捷性，检测速度相对较快、准确性高且成本低，能有效应用到大米以及谷类食品的检测中。

4.2.4 案例启示

通过对镉污染案例的概述，有如下启示：

（1）控制源头

应对食品镉污染首先就是要控制源头，防止重金属镉进入水源和土壤中。

通过撒石灰、种植绿肥以及农田水分控制管理等方式加强对土壤的改良；从不同的途径，通过不同手段有效控制镉在土壤中的有效性和农作物中的可迁移性，降低其进入农作物体内的可能性；同时对重金属污染严重的区域开展非食用以及非口粮作物替代种植。

（2）在粮食市场流通方面

粮食安全问题事关国计民生，粮食行政机关需要严格按照市场准入的规定对试图参与粮食流通市场的主体和已经成为粮食流通市场的主体进行严格的审核。

严格控制粮食生产、贮存、加工、销售等流通各个环节，对入库的粮食严格分拣并分类处置。

思考题

1. 镉污染产生的危害有哪些？
2. 镉污染的食品种类主要有哪些？
3. 如何控制食品发生镉污染？
4. 镉污染的检测技术有哪些？

5. 简述镉污染造成的食品污染案例。

4.3 铅污染引发的食品安全案例

4.3.1 案例概述

2016年3月,《今日美国》报道美国有600万人的饮用水受到重金属铅污染。该媒体称,美国有2000个自来水系统受到铅污染,水中的含铅量比联邦条例许可的含量高。这些受污染的饮用水供应给数以千计的学校和托儿所,其中缅因州一所小学饮用水含铅量是许可水平的42倍,宾夕法尼亚州一所学前中心的饮用水含铅量比联邦条例许可水平高14倍,纽约州伊萨卡市一所小学的饮用水含铅量达到危险水平。

4.3.2 铅污染的致病性及其危害

(1) 铅的毒性作用机制

铅(Pb)是一种常见有毒重金属,其化学性质稳定,易于提炼加工,在人类生产生活中已有几千年的历史。21世纪以来,随着人们对其毒性认识的提高、含铅汽油的禁用及工业用铅的下降,在过去的20年间大部分国家铅消耗量急剧下降,因而人体内铅负荷也逐步下降。2010年,食品添加剂联合专家委员会(Joint FAO/WHO Expert Committee on Food Additives,JECFA)对铅的安全性评估,认为实际铅摄入量已达到引起儿童智商损害和成人收缩压升高的程度,暂定每周耐受摄入量(PTWI)已失去意义,因而取消了铅的PTWI值。食物的铅污染对人类的健康有重大威胁,当铅进入人体后,一部分铅会通过肠道和肾排出体外;而另一部分铅会存留在人体内,导致骨中的钙被取代,进而蓄积在骨骼中。当铅蓄积量增加到一定程度时,人体就会出现中毒性反应,铅的清除速度较慢,即使长期低剂量接触,铅也会在组织中积累并对人体产生危害。

食物中的铅可经由胃肠道进入人体,经胃肠黏膜吸收进入机体的铅有5%~15%进入血液循环。进入血液循环的铅约99%与红细胞中的血红蛋白结合,经血液循环途径进入大脑、肝、肾等器官,经过4~6周后,血液中的铅大部分会沉积到骨骼中,铅沉积在骨骼中可长达30年。铅在人体中广泛分布,并对机体各系统和器官产生损害。

儿童发生铅中毒的概率远超过成人,儿童对铅的吸收多,排泄少,生长发育不完全,免疫防御功能尚不完善,铅易通过血脑屏障进入脑内,影响儿童神经细胞的发育。儿童连续两次静脉血铅水平为100~199μg/L即为高铅血症,铅会损害儿童的神经发育,影响儿童的智力行为。

有研究表明,氧化应激损伤是铅对机体损害的主要机制之一。铅在机体内通过损害抗氧化体系并与巯基和其他亲核官能团结合,从而产生过量自由基诱导氧化应激,并造成脂质、蛋白质氧化和DNA损伤,干扰多种生化过程。此外,Pb^{2+}还可取代Ca^{2+}、Mg^{2+}、Fe^{2+}等二价阳离子,而细胞内和细胞间信号传递、细胞黏附、蛋白质折叠和成熟、凋亡、离子转运、酶调节、神经递质释放等基本过程均受到上述离子机制的影响。

(2) 食品铅污染对人体健康的危害

① 铅对心血管系统的危害

慢性铅暴露可通过改变肾素-血管紧张素系统引起高血压,也可对血管平滑肌细胞产生影响,铅可能通过钙依赖性途径刺激血管平滑肌细胞的增殖,产生类似于动脉硬化的变化。

② 铅对人体的神经毒性

铅对儿童中枢神经系统的影响更大,对成人周围神经系统的影响更大,铅暴露可能会增加阿尔茨海默病的发病率。

③ 铅对内分泌系统的危害

铅暴露可导致人体发生急性肾损害和慢性肾病。人体接触铅以后,对肝的影响主要是使肝大,并激活肝炎症反应,主要表现为胆管胆汁淤积,脂质过氧化可能是铅中毒引起胆汁淤积的机制之一。铅暴露的人体胆汁中含铅量明显升高。铅还会导致人体罹患肝硬化和脂肪肝的概率增大。

④ 铅对生殖系统的损害

铅直接或间接作用可引起对生殖系统的危害。铅对男性生殖系统的损害包括精子异常、前列腺功能异常、染色体损伤、血清睾酮浓度下降和不育。而对于女性,铅中毒更容易导致流产、妊娠期高血压、不孕、胎膜早破、早产和先兆子痫。

⑤ 铅对骨骼系统的危害

骨骼是铅的重要靶器官之一,铅会使骨微结构改变并最终导致骨质疏松症。铅会对幼儿软骨造成损害,铅可暂时存在于软骨中,干扰儿童的骨骼发育。铅在骨组织中的沉积会影响骨骼的硬度、体积和厚度等。

急性铅中毒或者长期不同程度的慢性铅接触会对人体造成不同程度的损害。此外,铅对动物是肯定致癌物,对人是可疑致癌物。

4.3.3 引发铅污染的主要食品类别

非职业接触人群摄入铅的主要来源是食品,在中国典型膳食中,谷类、蔬菜和饮料类是中国人群摄入铅的主要来源。

铅在自然界中分布很广,在地壳中的含量约为 0.002%,人类主要通过呼吸吸入含铅尘埃、饮用被污染的水以及食用累积铅的食品摄入铅。环境中的铅可通过多种途径污染食品,很多行业都会使用铅及其化合物,它们可能通过污染环进入食品中。

(1) 水体中铅对食品的污染

天然水体中铅可能来自河流、井、岩石、大气沉降、土壤和被工业污染的含铅废水。饮水中的铅更多是来自含铅管道系统的污染,铅从管道和罐器溶出量受到水与这些容器接触时间长短、水本身化学性质(如水温、氯和硝酸盐浓度)以及水 pH 值、硬度等因素的影响。

(2) 食品加工过程中的铅污染

研究表明,传统爆米花中的铅含量最高,超标可达 41 倍。传统爆米花机的炉膛和炉盖是由含铅的生铁铸成的,爆米花在制作过程中需要密闭加热,铅极易挥发形成铅蒸气从而污染爆米花。美国的研究表明,一些高脂食品如高脂饼干、高脂奶粉及巧克力等,由于其产品性质及加工不当也常常含有较高浓度的铅。

4.3.4 铅污染的预防控制措施

(1) 提高标准修订的速度及检测能力

国内外对食品安全的衡量标准不同,因而制定的铅限量值也不尽相同,且我国部分食品标准更新较慢,加大了与其他国家及地区限量标准的差距。因此,在制定国家限量标准时,我国应加强国际标准的跟踪,提高标准修订的速度。

《食品安全国家标准 食品中污染物限量》(GB 2762—2017) 规定了不同食品中铅的限量,其中谷物及其制品、豆类蔬菜、薯类、浆果和其他小粒水果、豆类、坚果及籽类、肉类(畜禽内脏除外)、蛋及蛋制品(皮蛋、皮蛋肠除外)、食用淀粉、酒类(蒸馏酒、黄酒除外)、婴幼儿谷类辅助食品(添加鱼类、肝类、蔬菜类的产品除外)铅≤0.2mg/kg;麦片、面筋、八宝粥罐头、带馅(料)面米制品、豆类制品(豆浆除外)、咖啡豆、畜禽内脏、肉制品、鱼类、甲壳类、乳粉、非脱盐乳清粉、皮蛋、皮蛋肠、食糖及淀粉糖、淀粉制品、焙烤食品、浓缩果蔬汁(浆)、蒸馏酒、黄酒、可可制品、巧克力和巧克力制品以及糖果、果冻、膨化食品中铅≤0.5mg/kg,蔬菜制品、水果制品、食用菌及其制品、藻类及其制品(螺旋藻及其制品除外)、水产制品(海蜇制品除外)、调味品(食盐、香辛料除外)、固体饮料、蜂蜜中铅≤1.0mg/kg,螺旋藻及其制品、海蜇制品、食用盐、苦丁茶中铅≤2.0mg/kg,茶叶、干菊花中铅≤5.0mg/kg。

要提高重金属铅等的检测能力,改进检测方法,提高抽检效率,进一步加强进出口及内销产品的检验等工作,严格监控食品生产过程,做到安全生产。造成禽畜肾、蔬菜、皮蛋等食品中重金属铅含量超标的最主要来源是工农业生产,因此要减少铅对人体的危害,要严格控制原料和生产加工过程中的铅污染。

(2) 消除污染源

① 加强环境保护

控制工业"三废"的排放。改变铅矿开采、冶炼、加工的工艺,减少排出的粉尘、污水。加强监测土壤、水体中铅污染的情况。

② 控制卫生质量

控制直接接触食品的容器、工具、器械和管道的卫生质量。

例如,严格控制使用镀锡、焊锡和上釉工艺的食品容器中铅含量和溶出量。我国规定镀锡铁皮中铅含量应低于0.04%,焊锡中铅含量低于35%。《食品安全国家标准 陶瓷制品》(GB 4806.4—2016) 规定与食品接触的陶瓷烹饪器皿铅溶出极限值≤3.0mg/L。

③ 改进食品生产工艺,降低铅含量。

目前,我国规定皮蛋生产必须采用无铅工艺,其含铅量不得大于0.5mg/kg。

(3) 提高居民防范意识,科学饮食

① 均衡饮食

由于国内外地理环境及饮食文化等条件的差异,食品中重金属铅暴露途径也略有不同。对于欧盟而言,饮用水中铅含量不符合相关标准是人体铅暴露的主要途径,日本铅暴露的途径主要是饮料类食品,美国食品铅暴露途径主要集中在可可制品及水产品类食品。因此,在日常饮食中,需均衡饮食以避免因饮食单一而使重金属铅等在人体内积累。

② 减少相关食品摄入

我国食品中受铅污染较严重的是动物肾、水产品及粮食制品等,国外需对重金属铅进行检测的食品种类也主要集中在水产品、粮食制品、果蔬以及肉类等产品。因此，为减少重金属铅对人体的毒害作用，应减少易受铅污染食品的摄入，同时选购符合国家相关卫生及行业标准的食品。

③ 使用安全器具盛放食物

尽量不使用内部有釉彩的陶瓷盛放食物，避免使用锡壶盛装酒类，酸性饮品采用玻璃制品盛装。

④ 加强驱铅功能食品摄入

很多食物具有一定的防铅和驱铅功能，能促进排铅或化解铅。牛奶、豆浆、水果、蔬菜等所含的有些成分可阻止铅吸收或降低铅毒性；食物中的蛋白质可与铅结合形成不溶物，使机体不能吸收，富含蛋白质的食物有鸡蛋、牛肉等；铅与钙在体内的代谢过程相似，食用高钙食物可防止铅蓄积，常见的含钙丰富的食物有虾皮、芝麻等；补充铁也可减少铅在人体内蓄积。

⑤ 关注儿童血铅问题

开展儿童血铅调查及时予以健康指导和驱铅治疗，帮助儿童养成良好的生活饮食习惯。家长要培养并监督孩子养成流水洗手的习惯，除饭前外，吃零食前也应洗手；经常清洗小儿玩具，避免小儿将涂有油漆的玩具放入口中；锌、铁、钙等元素在肠道中与铅相抵抗，保证儿童的日常膳食中有动物性食物以获取足够量的钙、铁、锌等，使铅不易从消化系统吸收；同时保证小儿摄入蔬菜，防止便秘，避免有害物质被吸收。

⑥ 定期检测

近些年来，由食物引起的急性铅中毒已很少见，多见的铅暴露是低剂量水平条件下，对人体所产生的亚临床危害。铅蓄积具有一定隐蔽性，成年人及儿童应定期对体内重金属元素进行检测，对于由食物引起的轻度铅中毒遵循医嘱，改变饮食结构，必要时应及时进行驱铅治疗。

(4) 开展食品中铅的检测

《食品安全国家标准 食品中铅的测定》（GB 5009.12—2017）规定了食品中铅含量测定的石墨炉原子吸收光谱法、电感耦合等离子体质谱法、火焰原子吸收光谱法和二硫腙比色法。

① 样品前处理技术

我国规定，采用火焰原子吸收光谱法和二硫腙比色法进行食品中铅含量测定时，前处理技术采用湿法消解，即采用硝酸和高氯酸在可调式电热炉上进行高温长时间消解。电感耦合等离子体质谱法测定的样品则采用微波消解及压力罐消解进行前处理。石墨炉原子吸收光谱法测定的样品，根据实际需要前处理方法采用以上三种均可，且三种消解方法处理的样品检测结果相对标准偏差小于5%，无明显差异。

② 主要检测方法原理

a. 石墨炉原子吸收光谱法

试样消解后经石墨炉原子化，在一定浓度范围内铅的吸光度（283.3nm处）与铅含量成正比。

b. 电感耦合等离子体质谱法

试样经消解后，由电感耦合等离子体质谱仪测定，采用外标法，以铅元素质谱信号强度与铅的浓度成正比进行定量分析。

c. 火焰原子吸收光谱法

试样经处理后，铅离子在一定pH条件下与二乙基二硫代氨基甲酸钠（DDTC）形成络合物，经4-甲基-2-戊酮（MIBK）萃取分离，导入原子吸收光谱仪中，经火焰原子化，在一定浓度范围内铅的吸光度（283.3nm处）与铅含量成正比。

d. 二硫腙比色法

试样经消化后，在 pH8.5~9.0 时，铅离子与二硫腙生成红色络合物，溶于三氯甲烷并加入柠檬酸铵、氰化钾和盐酸羟胺等防止铁离子、铜离子、锌离子等干扰。于波长 510nm 处测定吸光度并与标准系列比较即可定量。

除《食品安全国家标准 食品中铅的测定》（GB 5009.12—2017）规定的检测方法外，X 射线荧光光谱仪结合快速基本参数法、微分电位溶出法、近红外分析法、胶体金免疫色谱法、方波溶出伏安法等食品中铅含量的快速检测方法也在我国食品安全保障方面发挥着重要作用。

4.3.5 案例启示

造成食物铅中毒事件的主要原因有大众食品安全知识匮乏、不法商贩生产操作不规范等，因此各级食品安全监管部门应加大卫生知识宣传力度，普及食品安全知识，提高大众防范食物铅污染的意识，防止含铅餐具进入餐桌。同时，各级食品安全监管部门要严格执行《中华人民共和国食品安全法》，规范食品经营者的经营行为，对易被铅污染的食品、保健品等加大抽查力度。

思考题

1. 食品中的铅污染来源是什么？
2. 食品铅中毒的症状有哪些？
3. 食品铅中毒可能对人体造成哪些危害？
4. 为什么要重点关注儿童铅中毒？
5. 如何预防控制食品中的铅污染？
6. 谈谈你对本文中铅污染引发食品安全事件的看法。
7. 说说发生在你身边的重金属引发食品安全问题的事件。

4.4 砷污染引发的食品安全案例

4.4.1 案例概述

1955—1956 年，日本某品牌奶粉因使用含砷中和剂，其中三氧化二砷含量达到了 25~28mg/kg，导致 12100 多人中毒，其中 130 名婴儿因脑麻痹而死亡。

4.4.2 砷污染的致病性及其危害

(1) 砷的毒性作用机制

砷（As）是一种类金属元素，在污染物中常被归入重金属污染物中。单质以灰砷、黑砷和黄砷 3 种同素异形体形式存在。砷不溶于水，在潮湿的空气中容易被氧化，主要以硫化矿物质的形式存在于自然界。砷及其化合物主要用于合金冶炼、农药、医药、颜料等工业。

砷及其化合物具有毒性，所以当人体砷摄入量过多时，会造成砷中毒。一般来说，无机砷比有机砷的毒性大，三价砷比五价砷的毒性大。绝大部分砷氧化物（如三氧化二砷）和盐类属于高毒物质，而砷化氢属于剧毒物质，是目前已知砷化合物中毒性最大的一种。2017年10月，国际癌症研究机构将砷和无机砷化合物列为一类致癌物。

砷是自然界广泛存在的一类环境污染物，土壤中砷的自然背景值为 5~10mg/kg。近年来，含砷矿石开采冶炼、含砷工业"三废"排放及含砷农药产品使用等人类活动使大量砷被排放至自然环境中，造成土壤和水体的砷污染。据统计，世界土壤中砷浓度的平均值为 6mg/kg，我国为 11.2mg/kg，约为世界平均值的 2 倍。土壤中砷污染具有隐蔽性、累积性、地域性、不可逆性和长期性等特点，砷污染不仅影响土壤肥力、作物质量和品质，而且会通过食物链的"生物放大"作用对人体健康产生威胁。环境保护部（现为生态环境部）和国土资源部（现为自然资源部）在 2014 年发布的全国土壤污染状况调查公报显示，我国砷无机污染点位超标率为 2.7%。砷污染的危害性仅次于致病微生物，是全球第二大水健康危害因素。世界卫生组织建议饮用水中的砷浓度控制在 $10\mu g/L$ 以下。

砷污染分为无机砷污染和有机砷污染两种。无机砷污染对代谢不利，能够改变人类细胞及遗传物质的完整性，砷酸盐还可以通过与蛋白质巯基进行反应或者取代磷酸基的位点对人体产生危害，造成皮肤、血管及神经系统紊乱，诱发各种癌症。尤其是当摄入含砷污染的大米等食物时，会诱发皮肤癌、肺癌及膀胱癌等。有机砷毒性较低，主要由畜禽通过食用饲料、药物添加剂后经排泄物进入土壤中。高剂量有机砷残留可能使畜禽食欲不振、体重下降，甚至导致死亡，通过畜禽粪便进入土壤的有机砷污染还可造成植物营养吸收受阻。此外，有机砷进入土壤后还可通过一系列化学反应转化成毒性更大的无机砷。

(2) 食品砷污染对人体健康的危害

在生产或使用砷化合物中，如防护不当吸入含砷空气或摄入被砷污染的食物、饮料时，可能会出现急、慢性砷中毒。砷化合物可经呼吸道、皮肤和消化道被人体吸收，蓄积于骨质疏松部、肝、肾、脾、肌肉、头发、指甲等部位，并由尿液、粪便中排出。过量的砷会干扰细胞的正常代谢，影响呼吸和氧化过程，使细胞发生病变。砷还可直接损伤小动脉和毛细血管壁，并作用于血管舒缩中枢，导致血管渗透性增加，引起血容量降低，加重脏器损害。此外，砷可穿过胎盘屏障损及胎儿。

急性砷化合物中毒多见于误服或自杀时有意服用砷化合物污染的食品或饮品。临床表现以"急性胃肠炎型"较多见。重症患者可出现休克、肝损害，甚至死于中毒性心肌损伤。慢性砷化合物中毒多见于生产或使用砷化合物工作者以及吸入受砷污染的大气、饮用受砷污染的水的人群。突出表现为皮肤色素沉着、角质化过度或疣状增生，也可表现为白细胞减少或贫血症状。慢性中毒者应该停止砷接触，进行驱砷治疗。

4.4.3 引发砷污染的主要食品类别

砷在自然界中广泛存在，可以经过各种途径进入生物圈和食物链，进而对人类及生态平衡产生影响。砷污染的来源主要有采矿、有色金属冶炼和化石燃料的燃烧，违法使用含砷除草剂、杀虫剂和木材防火剂，以及使用砷污染的地下水灌溉农田土壤，从而直接影响粮食和蔬菜中砷的含量；各种含砷矿物的冶炼是砷进入自然环境的主要途径。由于砷的蒸气压低，进入大气的砷蒸气能很快凝结在大气微粒子上，可随着大气悬浮微粒降落在土壤、水域及农作物表面，造成食品污染。

　　海洋生物尤其是甲壳类生物，如虾、蟹、贝类等对砷有很强的富集作用，但海洋生物中的砷大部分为有机砷。已有研究表明，砷污染能对浮游植物群落结构产生重要的驱动作用，可导致耐砷藻类取代砷敏感藻类成为优势藻类。例如，砷污染后云南深水湖泊阳宗海中浮游植物由门类多样性转变为蓝藻门占据绝对优势。同时，砷污染胁迫下浮游植物群落的演替对浮游动物等捕食者产生影响，从而通过水生生物食物网影响湖泊生态系统的结构、功能和健康。

4.4.4　砷污染的预防控制措施

（1）改进生产工艺

防止重金属流失，回收工业"三废"中的重金属，切实遵守有关环境保护法规。

（2）严格控制产品流程

食品生产加工、贮存、运输和销售过程中避免使用和接触含砷的机械、管道以及容器，完善食品安全的预防和监测机制。

（3）注重善后工作

深埋多余的拌砷粮种、毒饵，避免被食用或用作饲料。严禁食用因含砷制剂中毒死亡的畜禽，且对其进行销毁深埋。

（4）加强宣传教育

相关部门注重宣传教育以增强人们的环境保护意识和安全防范意识。

（5）开展食品中砷的检测

我国国家标准《食品安全国家标准　食品中总砷及无机砷的测定》（GB 5009.11—2014）中规定了食品中总砷及无机砷的测定方法，其中总砷的测定方法为电感耦合等离子体质谱法、氢化物发生原子荧光光谱法以及银盐法，这三种方法均适合各类食品中总砷的测定。食品中无机砷测定方法为液相色谱-原子荧光光谱法、液相色谱-电感耦合等离子体质谱法，此类方法可用于稻米、水产动物、婴幼儿谷类辅助食品、婴幼儿罐装辅助食品中无机砷（包括砷酸盐和亚砷酸盐）含量的测定。

4.4.5　案例启示

　　应该避免食品接触到含砷较多的机械、管道以及容器，不食用可能因砷中毒死亡的畜禽，不直接饮用河水等非饮用水。

思考题

1. 砷污染产生的危害有哪些？
2. 砷污染的食品种类主要有哪些？
3. 如何控制食品发生砷污染？

参考文献

Alka S, Shahir S, Ibrahim N, et al, 2020. Arsenic removal technologies and future trends: a mini review[J]. Journal of Cleaner

Production,278(2):123805.

Benis K Z,Damuchali A M,Soltan J,et al,2020. Treatment of aqueous arsenic-A review of biochar modification methods[J]. Science of The Total Environment,739:139750.

Christy C B,Rudolfs K Z,2017. Mechanisms involved in the transport of mercuric ions in target tissues[J]. Archives of Toxicology,91(1):63-81.

FAO/WHO (Food and Agriculture Organization/World Health Organization),2014. Working document for information and use in discussions related to contaminants and toxins in the GSCTFF (General Standard for Contaminants and Toxins in Food and Feed) 2014 [C]//Proceedings of the 8th Session. Geneva:FAO.

Henke K A,2009. Environmental chemistry,health threats and waste treatment[M]. Hoboken:Wiley.

Knauer K,Behra R,Hemond H,1999. Toxicity of inorganic and methylated arsenic to algal communities from lakes along an arsenic contamination gradient[J]. Aquatic Toxicology,46:221-230.

Shera,2015. Heavy metal contamination of soils[J]. Berlin:Springer International Publishing.

Rita M,Rosen B P,Phung L T,et al,2003. Microbial arsenic:from geocycles to genes and enzymes[J]. FEMS Microbiology Reviews,26(3):311-325.

Sanders J G,1986. Direct and indirect effects of arsenic on the survival and fecundity of estuarine zooplankton[J]. Canadian Journal of Fisheries and Aquatic Sciences,43:694-699.

Smedley P L,Kinniburgh D G,2002. A review of the source,behaviour and distribution of arsenic in natural waters[J]. Applied Geochemistry,17(5):517-568.

Wang Y,Wang S,Xu P P,et al,2015. Review of arsenic speciation,toxicity and metabolism in microalgae[J]. Reviews in Environmental Science and Biotechnology,14:427-451.

WHO,1992. Cadmium. Environmental health criteria [R]. Geneva,Switzerland:World Health Organization.

中国新闻网,2013.50年前日本毒奶粉事件：1年内令130名婴儿夭折[EB/OL]. （2013-3-11）[2022-09-21]. https://www.chinanews.com.cn/cul/2013/03-11/4632326.shtml.

安礼航,刘敏超,张建强,等,2020. 土壤中砷的来源及迁移释放影响因素研究进展[J]. 土壤,52(2):234-246.

蔡华,罗宝章,熊丽蓓,等,2018. 上海市水产品中重金属污染情况[J]. 卫生研究,47(5):740-743.

曾少军,曾凯超,杨来,2014. 中国汞污染治理的现状与策略研究[J]. 中国人口·资源与环境(3):92-96.

夏征农,2006. 大辞海：环境科学卷. 上海：上海辞书出版社:20.

程君秋,2016. 外媒：600万美国人的自来水受重金属铅污染[EB/OL]. （2016-03-18）. https://world.huanqiu.com/article/9CaKrnJUCFW.

戴光伟,梁辉,周少君,等,2016. 广东省食用水产品中镉膳食暴露风险评估[J]. 华南预防医学,42(3):223-226.

丁晓雯,柳春红,2011. 食品安全学[M]. 北京：中国农业大学出版社.

耿安静,陈岩,杨慧,等,2019. 大米中甲基汞污染状况及防控对策研究[J]. 农产品质量与安全(1):62-69.

巩俐彤,赵冬丽,王海云,2012. 北京市大兴区2010—2011年食品中金属污染物状况分析[J]. 中国卫生检验杂志,22(2):330-331.

中国新闻网, 2013. 贵州三都砷中毒事件调查：未对环境造成影响[EB/OL]. （2013-9-26）[2022-09-21]. https://www.chinanews.com.cn/sh/2013/09-26/5325100.shtml.

人民网，2013. 贵州三都县发生村民误饮废弃矿洞水引发的砷中毒事件[EB/OL]. （2013-9-25）[2022-09-21]. http://politics.people.com.cn/n/2013/0925/c70731-23034998.html.

国家环境保护局, 1996. 大气污染物综合排放标准（GB 16297—1996）[S/OL]. 北京:中国标准出版社.

国家环境保护局, 1996. 污水综合排放标准（GB 8978—1996）[S/OL]. 北京:中国标准出版社.

国家卫生和计划生育委员会, 2016. 陶瓷制品：GB 4806.4—2016[S]. 北京:中国标准出版社.

国家卫生和计划生育委员会, 国家食品药品监督管理总局,2017. 食品中铅的测定：GB 5009.12—2017[S]. 北京:中国标准出版社.

国家卫生和计划生育委员会,2014. 食品安全国家标准（GB 55009.17—2014）[S/OL]. 北京:中国标准出版社.

国家卫生健康委员会,2008. 妇幼保健与社区卫生司. 儿童高铅血症和铅中毒分级和处理原则（试行）[S/OL]. (2018-11-05) [2022-09-23] http://www.nhc.gov.cn/cms-search/xxgk/getManuscriptXxgk.htm?id=38228

中央政府门户网站，2006. 湖南省政府新闻办通报株洲新马村镉污染处理结果．[EB/OL]（2006-09-11）[2022-12-07]．http：//www.gov.cn/jrzg/2006-09/11/content_384930.htm．

胡月红，2008. 国内外汞污染分布状况研究综述[J]. 环境保护科学，34(1)：38-41.

黄锋，张宏，2002. 汞的生物毒性及其防治策略[J]. 阜阳师范学院学报（自然科学版），19(3)：29-30.

黎新平，查仲湘，1991. 食入铅污染食物致铅中毒伴上消化道出血2例报告[J]. 职业医学，18(3)：154-155.

李黔军，黄雪飞，2009. 汞对动物食物链污染规律及防治的研究进展[J]. 安徽农学通报，15(9)：78-80.

李生涛，2015. 动物性食品中汞污染及其毒性作用[J]. 山东化工，44(4)：139-141,146.

李思远，黄光智，丁晓雯，2018. 食品中汞与甲基汞污染状况与检测技术研究进展[J]. 食品与发酵工业，44(12)：295-301.

李艳艳，熊光仲，2008. 汞中毒的毒性机制及临床研究进展[J]. 中国急救复苏与灾害医学杂志，3(1)：57-59.

李志强，韩俊艳，郭宇俊，等，2018. 汞毒性研究进展[J]. 畜牧与饲料科学，39(12)：64-68.

刘淑晨，魏青，2016. 廊坊市售梭子蟹镉含量分析[J]. 食品安全质量检测学报，7(5)：2071-2074.

刘思妹，朱毅，郝睿，2014. 国内外汞污染现状及管理措施[J]. 环境科学与技术，37(S2)：290-294.

马滕霞，2019. 食品汞含量分析预处理与测定技术的研究进展[J]. 食品界(8)：83-84.

苗利军，2013. 汞污染对人体的危害[J]. 农业工程，3(3)：83-84.

钱浩骏，叶细标，傅华，2005. 汞及其化合物的慢性神经毒性[J]. 环境与职业医学，32(2)：160-162,166.

钱坤，齐月，何阳，等，2016. 食品中重金属汞污染状况与治理对策研究[J]. 黑龙江农业科学(5)：107-109.

乔增运，李昌泽，周正，等，2020. 铅毒性危害及其治疗药物应用的研究进展[J]. 毒理学杂志，34(5)：416-420.

探秘志，2020. 日本汞中毒事件[J]. 现代班组(12)：28.

唐冰培，2014. 硫素对氧化还原条件下水稻土铁、锰、镉和砷形态的影响[D]. 郑州：河南农业大学.

中国日报，2016. 外媒：600万美国人的自来水受重金属铅污染！[N/OL]．（2016-03-18）[2022-09-19]．http：//world.chinadaily.com.cn/guoji/2016-03/18/content_23942675.htm．

王莉艳，2001. 从环境保护谈汞的用途及汞污染的防治[J]. 重庆广播电视大学学报(4)：46-48.

王新月，姜昆，孙洪明，等，2020. 食物中铅污染认知调查及现状分析[J]. 食品与发酵科技，56(5)：109-113.

魏复盛，陈静生，吴燕玉，等，1991. 中国土壤环境背景值研究[J]. 环境科学(4)：12-19,94.

吴秋萍，1998. 重症食物性铅中毒的护理体会[J]. 职业医学，25(3)：65.

项灿宏，王文跃，孟凡强，等，2006. 食物性铅中毒致急性假性肠梗阻二例[J]. 中华外科杂志，44(9)：646-647.

肖培瑞，李素云，李明，等，2020. 2013—2018年山东省食品镉污染状况调查与分析[J]. 现代预防医学，47(5)：824-826,870.

徐永梅，2013. 阳宗海砷浓度与浮游植物的变化分析[J]. 环境科学导刊，32(5)：62-64.

人民网，2014. 央视曝湖南石门河水砷超标1千多倍 157名村民致癌死亡[EB/OL]．（2014-3-25）[2022-09-21]．http：//finance.people.com.cn/n/2014/0325/c70846-24725493.html．

杨刚，马云龙，白银萍，等，2021. 人工湿地砷污染去除研究进展[J]. 农业现代化研究，42(2)：1-8.

杨谷烨，谢正苗，田菲，等，2012. 国内汞污染现状及其管理对策[C]//中国环境科学学会学术年会论文集，广西南宁：2737-2742.

中国日报网，2009. 云南阳宗海砷污染事件回放[EB/OL]．（2009-6-3）[2022-09-21]．http：//www.chinadaily.com.cn/dfpd/2009-06/03/content_9169588.htm．

张宏康，邵丹，王中瑷，等，2019. 食品中痕量汞的检测方法研究进展[J]. 食品安全质量检测学报，10(5)：1230-1235.

张孟孟，戴九兰，王仁卿，2011. 溶解性有机质对土壤中汞吸附迁移及生物有效性影响的研究进展[J]. 环境污染与防治，33(5)：95-110.

张明月，商博东，段梦茹，等，2015. 天津地区水产品重金属污染状况调查[J]. 环境与健康杂志，32(6)：538-539.

张云民，何勇华，童运炎，1984. 一起食物性慢性铅中毒报告[J]. 浙江医学，6(3)：33-34.

郑徽，金银龙，2006. 汞的毒性效应及作用机制研究进展[J]. 卫生研究，35(5)：663-666.

央视网，2016.[朝闻天下]美国弗林特饮用水危机 新闻观察：饮用水危机？种族危机！[EB/OL]．（2016-03-18）[2022-09-19]．http：//tv.cctv.com/2016/03/18/VIDEwSZQ9DW7LaesgJ3Ak9NS160318.shtml．

中华人民共和国国家卫生和计划生育委员会，国家食品药品监督管理总局，2017. 食品安全国家标准：食品中污染物限量

（GB 2762—2017）[S/OL].北京：中国标准出版社.

中华人民共和国农业部,2004.粮食(含谷物、豆类、薯类)及制品中铅、镉、铬、汞、硒、砷、铜、锌等八种元素限量（NY 861—2004）[S].北京：中国标准出版社.

朱炎皇,2020.常吃外卖导致铅中毒? 专家：预防铅中毒牢记这几点[N/OL].（2020-11-20）[2022-09-19].https://www.icswb.com/h/204/20201120/685728.html.

左右,2007.复方芦荟胶囊汞超标中药安全性引起关注[J].健康博览（1）：20-21.

第 5 章

非法添加引发的食品安全案例

学习目标

1. 了解国内外由非法添加引发的典型食品安全案例。
2. 掌握国内外非法添加引发食品安全案例的发生原因。
3. 学习如何避免食品非法添加带来的危害。

学习重点

1. 导致国内外非法添加引发食品安全案例的发生原因。
2. 如何避免非法添加事件的发生。

本章导引

以社会主义核心价值观、家国情怀为价值引领，培养学生的责任担当。分析国内外非法添加引发的食品安全案例，结合当前形势，号召学生梳理行业信息，树立行业信心。

5.1 非法添加苏丹红引发的食品安全案例

5.1.1 案例概述

2004 年 6 月 14 日，英国向消费者和贸易机构发出了警示，在超市食品中发现含有潜在致癌物的苏丹红一号色素。2005 年 2 月 18 日，英国食品标志管理局宣布收回被致癌工业染料"苏丹红"一号污染的 359 种食品。

5.1.2 苏丹红的致病性及其危害

苏丹红，学名苏丹，为偶氮系列化工合成染色剂，共分为 1（1-苯基偶氮-2-萘酚）、2 {1-[（2,4 二甲基苯）偶氮]-2-萘酚}、3 {1-[4-（苯基偶氮）苯基偶氮]-2-萘酚}、4 {1-2-甲基-4 [（2-甲基苯）偶氮]苯基偶氮-2-萘酚} 4 种类型，不溶于水，易溶于苯、三氯甲烷、乙醚、丙酮等有机溶剂。

苏丹红进入人体后，经过分解代谢形成苯胺类及萘酚类化合物。这些代谢物目前均被国际癌症研究机构列为第二类（动物怀疑有致癌性物质）或第三类致癌物质，具有遗传毒性，摄入对人体有害。国际上对于苏丹红的毒理学研究主要集中在其代谢物。在多项化学与生物实验中发现其毒性与代谢生成的苯胺类及萘酚类物质有关。研究表明，苯胺是一种中等毒性的致癌物，一旦苯胺接触人体皮肤或进入消化系统以后，一方面其可直接作用于肝细胞，引起中毒性肝病，还可能诱发肝细胞基因发生变异，增加人体癌变的概率；另一方面可能由于苯胺进入人体后的代谢物（硝基苯衍生物等）可将与血红蛋白结合的二价亚铁氧化为三价铁，导致血红蛋白无法结合氧而患上高铁血红蛋白症。另据报道，长期摄入苯胺还可能会造成人体组织缺氧，呼吸不畅，引起中枢神经系统、心血管系统和其他脏器受损，甚至导致不孕症。萘酚类化合物则具有致癌、致畸、致敏、致突变的潜在毒性，对眼睛、皮肤、黏膜有强烈的刺激作用，大量吸入可导致出血性肾炎。

5.1.3 非法添加苏丹红的主要食品类别

苏丹红染料被广泛应用在化学、生物等领域，主要用于石油、机油和其他一些工业溶剂中，目的是能使其增色，也可用于鞋、地板等增光。

一些不法分子之所以将苏丹红类非食品添加剂用于食品加工中，主要原因有以下几种：一是苏丹红使用后不容易褪色，可以弥补辣椒放置过久变色的现象，可以保持辣椒鲜亮的色泽；二是一些企业违法将玉米粉等用苏丹红染色后掺入辣椒粉中，以图降低成本牟取不法利益；三是养殖户将苏丹红混入饲料中喂养家禽，获得蛋黄鲜艳的禽蛋制品。

我国 2014 年颁布的《食品安全国家标准　食品添加剂使用标准》（GB 2760—2014）明令禁止在食品中使用这种合成色素，在近年更加大了对食品中苏丹红的稽查和打击力度。

5.1.4 非法添加苏丹红的预防控制措施

欧盟曾发布决议，决定对来自非成员国的进口红辣椒及其产品中苏丹红 1 号、苏丹红 2 号、苏丹红 3 号和猩红（苏丹红 4 号）进行检测，并规定进境红辣椒及其产品需随附能证明其不含各类苏丹红的分析报告。近来，对食品中苏丹红的检测也备受关注。一般采用紫外光谱、高效液相色谱、高效液相色谱质谱联用等分析手段检测产品中的苏丹红。欧洲委员会健康与消费者保护综合委员会第四分委员会发布了标准方法，本法涉及以辣椒为主要成分的产品中苏丹红 1 号、苏丹红 2 号、苏丹红 3 号、苏丹红 4 号、苏丹橙 B、苏丹红 7B 和胭脂树橙的检测。

具体检测方法为：上述着色剂经乙腈提取后，过滤，滤液用反相高效液相色谱仪进行色谱分析，以波长可变的紫外可见检测器定性与定量。将液相色谱与电喷雾离子化质谱仪联用也可以帮助确证苏丹红 1~4 号产品的存在。以上是测定苏丹红比较成熟的方法。随着对苏丹红毒性认识的深入以及人们对食品安全意识的加强，食品中苏丹红的检测将更加严格，这将对分析方法的灵敏度提出更高的要求。目前，国家已加大对苏丹红检测的研究力度，并强调在食品加工中，必须提高苏丹红的检测力度，以此满足食品安全要求。

国家质量监督检验检疫总局和国家标准化管理委员会于 2005 年 3 月 29 日正式批准发布《食品中苏丹红染料的检测方法　高效液相色谱法》（GB/T 19681—2005），该标准自发布之日起实施。今后，我国的苏丹红检测将采用正相吸附和固相萃取原理，一次性去除样品中辣椒色素和番茄色素对检测结果的影响。

此外，应从源头上阻断不法商家违法添加苏丹红，对违法使用者采取最严厉的处罚措施，同时向消费者科普苏丹红的危害及其特征，积极受理举报，在市场显著位置设置简易测试点。

一些食品从业人员的食品安全意识较为淡薄，食品法规了解不深，缺乏对苏丹红违法添加所造成的危害后果的认知，因此还应加强食品法律法规宣讲。

食品市场监管部门应协调配合、各司其职，实行综合治理，整顿市场环境，坚决取缔不符合卫生条件的食品加工点，从源头上阻断不法商家违法添加苏丹红。

最后，结合利用各种短视频、电视、广播等全媒体形式，全方位开展食品安全知识宣传工作，大力向群众科普苏丹红的危害，发挥广大群众的监督作用，举报加工行业的违法违规行为。

5.1.5 案例启示

对于此类问题，首先，企业自身要担负起应有的责任，树立行业诚信，遵守法律法规，保证食品质量与安全；其次，政府应加大对食品行业的监督力度，按照规定指标对产品质量进行严格检查，同时加大对食品添加剂与食品安全的宣讲力度，提高群众的辨别能力；最后，消费者自身也要提高警惕性，远离虚假广告，在日常消费中，如发现辣椒粉、蛋黄等食品颜色显著区别于其正常颜色的，应避免食用。另外，在购买这类食品时一定要到正规大型商场超市，不要贪图便宜和好看的颜色而购买来路不明的食品，从而加大食品安全风险。我们应坚决维护消费权益，促进食品行业健康发展。

思考题

1. 食品非法添加苏丹红的危害有哪些？
2. 如何从源头上预防非法添加引发的食品安全问题的发生？
3. 苏丹红产生危害的主要原因及临床表现有哪些？

5.2 非法添加三聚氰胺引发的食品安全案例

5.2.1 案例概述

2007年，美国暴发了猫和狗摄入含有三聚氰胺和氰尿酸的宠物食品而造成肾衰竭的大规模疫情，经查系有人蓄意在宠物食品中掺入了三聚氰胺。

2008年9月，中国暴发某品牌婴幼儿奶粉受污染事件，导致食用了受污染奶粉的婴幼儿产生肾结石病症，其原因也是奶粉中含有三聚氰胺。

2008年10月，国家卫生部等五部门公布乳与乳制品中三聚氰胺临时管理限量值，2011年4月，五部门联合公布婴儿配方食品中三聚氰胺的限量值。

5.2.2 三聚氰胺的致病性及其危害

三聚氰胺（melamine）的分子式为 $C_3H_6N_6$，俗称密胺、蛋白精，是一种三嗪类含氮杂环有机化合物（图 5-1），被用作化工原料，广泛用于木材、塑料、涂料、造纸、纺织、皮革、电气、医药等。

三聚氰胺为白色单斜晶体，几乎无味，溶于热水，微溶于冷水，可溶于甲醇、甲醛、乙酸、甘油、吡啶等，不溶于丙酮、醚类，对人体有害，不可用于食品加工或食品添加剂。三聚氰胺不可燃，在常温下性质稳定。其水溶液呈弱碱性（pH＝8），与盐酸、硫酸、硝酸、乙酸、草酸等都能形成三聚氰胺盐。三聚氰胺在强酸或强碱中可水解生成三聚氰酸。三聚氰酸和三聚氰胺均具有低急性毒性，两者共存时，会依靠氢键作用生成稳定且难溶于水的大分子复合物，即三聚氰胺氰尿酸盐，可在肾细胞中沉淀，从而形成肾结石，堵塞肾小管，最终造成肾衰竭。

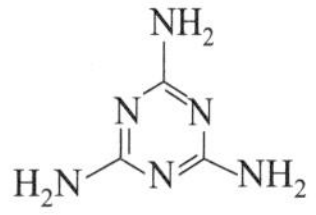

图 5-1 三聚氰胺化学结构

三聚氰胺不是食品添加剂，严禁非法添加到食品中。将三聚氰胺添加到牛奶中，会产生三聚氰酸。三聚氰胺与三聚氰酸结合在一起后形成网络状结晶，这种结晶微溶于水，在人体中遇到胃酸时会溶解，但是排到尿液中，两种物质再次结合。由于排尿的肾小管非常纤细，这些网络状结晶可能会堵塞肾小管。随着结晶在体内增多，若不能排出，积累到一定程度后则形成结石，给肾功能带来极大的损害。婴幼儿的肾小管相对于成人要细得多，更容易造成堵塞；且婴幼儿的主食是奶粉，日摄入量大，若摄水量少，积累在体内的有害物质逐渐增多，所以更容易形成结石。

三聚氰胺剂量和临床疾病之间存在量效关系。欧盟食品安全局食品链中污染物专家组对毒理学数据进行统计学分析后，设定三聚氰胺的每日可耐受摄入量（TDI）为 0.2mg/kg，与世界卫生组织在 2008 年设定的 TDI 值一致。

5.2.3 非法添加三聚氰胺的主要食品类别

蛋白质主要由氨基酸组成，蛋白质平均含氮量为 16% 左右，而三聚氰胺含氮量为 66% 左右。过去常用的蛋白质检测方法为凯氏定氮法，通过测定含氮量乘以系数 6.25 来估算蛋白质含量。因此，添加三聚氰胺会使食品中蛋白质测定结果虚高。不法分子利用这一漏洞将三聚氰胺掺入食品或饲料中，以提高检测样品中蛋白质的数值，令其含氮量大增，以隐瞒真实的蛋白质含量，从中牟取暴利。此外，三聚氰胺是一种白色结晶粉末，掺杂后不易被发现，为不法商人提供了便利。

5.2.4 非法添加三聚氰胺的预防控制措施

（1）提高门槛，加大宣传

完善食品安全相关法律法规及产业政策，提高准入门槛，严格行业准入管理。要充分发挥舆论监督作用，广泛利用各种媒体平台对三聚氰胺的危害进行宣传，加大在食品中非法添加三聚氰胺案件的查处力度，采用高压手段震慑违法犯罪分子。

（2）整合资源，提高检测水平

整合相关政府部门的资源，完善质量标准和原料奶、乳制品检验体系，更新检测技术，提高检测水平,使市场监管更加有效。

(3) 提高从业人员素质

切实提高企业诚信经营水平及从业人员的个人素质,进一步推进行业自律,总结、交流、宣传典型企业的经验,取得社会信任。

(4) 加强安全监管体系建设,加强安全预警

从三聚氰胺的生产源头开始,进一步建立和完善有毒化合物监管档案、信息报送、责任追究等制度,完善饲料原料及饲料产品生产销售企业的安全预警体系,依法严惩食品安全违法犯罪行为,确保饲料和畜禽养殖行业的应用安全。

(5) 加大监督执法力度

加大对动物饲料和养殖场抽查力度和频次,防止三聚氰胺的非法使用。加强执法力量和查处力度,完善投诉和信访途径,加大联合整治力度,从严处罚,从生产、加工和使用等多个关键节点着力提升安全等级。

(6) 加强消费者的辨别能力以及维权意识

开展消费者权益日宣传活动,理性科学消费,重视食品安全,提升市民辨假能力和维权意识,加强自我保护能力。

5.2.5 案例启示

三聚氰胺事件再次提醒我们在发展经济的过程中道德建设的重要性。受"问题奶粉"影响,消费者对奶粉质量安全的信任度骤降,不仅奶制品企业产品销量大幅滑坡,生产经营陷入困境,广大奶农也因企业减少原奶收购面临损失。沉痛的教训告诫企业家们:在追逐利润的同时,必须坚守住自己的道德底线,承担起应有的社会责任,以牺牲道德和消费者利益换取利润,最终必然付出沉重的代价。

思考题

1. 简要概述三聚氰胺的化学性状及用途。
2. 三聚氰胺的致病性及危害有哪些?
3. 为什么不法分子往牛奶中添加三聚氰胺?
4. 三聚氰胺事件对人们生活造成了什么影响?如何避免此类事件的发生?

5.3 非法添加吊白块引发的食品安全案例

5.3.1 案例概述

2001年7月11日,江西省吉安市吉州区技监局查获位于吉州区大校场内的个体户彭某米粉加工点非法使用吊白块加工米粉,现场查获吊白块20余千克。盛吊白块的空桶7只,已加工好的米粉600余千克。执法人员当即封存了所有涉案物品,并移交吉州区公安局处理。据个体户彭某交代,他自2000年8月份开始使用吊白块。每100kg米粉中掺入吊白块

100g,至今共生产掺入吊白块的米粉 49 万千克,已全部售出。涉案金额达 8 万余元。彭某已被公安机关刑事拘留。

2001 年 7 月 13 日,滕州市技监局在该市大坞镇腐竹生产业户石某的腐竹加工现场查获掺吊白块的腐竹 49kg,吊白块 2.5kg。经查,石某刚开始从事腐竹加工经营,生产的腐竹尚未进行销售,已停止生产。滕州市技监局依法没收了查获物品,并对其进行了处罚。

在浙江省杭州市公安局侦破的制售有毒有害牛百叶系列案件中,不法分子使用吊白块、甲醛等化学物质将牛肚、牛百叶浸泡增重、漂白后销往农贸市场。公安机关现场查获非法添加有毒有害物质的牛百叶 4t,案值 200 余万元,打掉犯罪团伙 7 个,抓获犯罪嫌疑人 27 名。

5.3.2 吊白块的致病性及其危害

吊白块,又称"雕白块",化学名次硫酸氢钠甲醛(sodium fomaldehyde sulfoxylate,SFS),分子式为 $NaHSO_2·CH_2O·2H_2O$,分子量 118,熔点 60℃,是一种半透明的白色块状或结晶性粉状有机化合物。易溶于水,常温下较稳定,在 60℃ 以上开始分解产生有害物质,120℃ 高温下可分解产生甲醛、二氧化硫和硫化氢等有毒气体,有强还原性。

吊白块主要用于橡胶工业丁苯橡胶聚合活化剂、印染印花工艺漂白剂、感光照相材料相助剂、日用工业漂白剂以及医药工业等,根据我国的《食品安全国家标准 食品添加剂使用标准》(GB 2760—2014),吊白块不属于食品添加剂,因此禁止添加至食品中。

吊白块遇热、酸不稳定,对健康造成的危害主要来自其分解产物——甲醛、二氧化硫和硫化氢。

(1)吊白块分解产物甲醛对健康的危害

2005 年甲醛被国际癌症研究机构确定为一类致癌物,即确切的人类致癌物。

甲醛是一种无色、易溶于水的气体,沸点为 -21℃,为原生质毒物。一般低水平的甲醛摄入量不会引起身体的强烈反应,产生甲醛中毒是由于机体吸收甲醛的量超过了正常代谢所能承受的限度。甲醛可降低机体的呼吸功能、神经系统的信息整合功能和影响机体的免疫应答,对免疫系统、心血管系统、内分泌系统、消化系统、生殖系统以及肾均有毒性作用,并有一定遗传毒性,一次性摄入 10~20mg 就能致人死亡,尤其是对有哮喘病、过敏体质的人群、婴幼儿和孕妇影响较大,婴儿连吃 20 天含 0.01% 甲醛的牛奶可致死亡。掺入食品中的吊白块会破坏食品的营养成分,并可引发过敏、肠道刺激、食物中毒等。

(2)吊白块分解产物二氧化硫对健康的危害

二氧化硫是一种无色不燃性气体,是吊白块具有漂白作用的主要原因。少量的二氧化硫进入人体后生成亚硫酸盐,并在组织细胞中亚硫酸氧化酶的作用下氧化为硫酸盐,通过正常解毒后最终随尿液排出体外。

食用二氧化硫超标的食品,容易产生恶心、呕吐等胃肠道反应,此外,还可影响人体对钙的吸收,加速机体的钙流失,过量进食可引起眼、鼻黏膜刺激等急性中毒症状,严重时出现喉头痉挛、水肿和支气管痉挛等症状;二氧化硫的毒性还会造成大脑组织的退行性病变;此外,二氧化硫还可在人体内转化成致癌物质——亚硝胺。因此,在购买食品的过程中,要注意所购食品是否色泽过于鲜亮或变浅,密封食品开袋时是否有刺激性气味等,以避免购买到二氧化硫超标的食品，影响身体健康。

5.3.3 非法添加吊白块的主要食品类别

可能添加吊白块的食品为腐竹、粉丝、面粉、竹笋、豆腐等。添加吊白块的食品组织则因蛋白质变性而呈均匀交错的"凝胶"结构，吊白块可改善食品的外观和口感，如在米粉里添加吊白块，可使米粉具有很强的弹性和韧性，不易煮烂。吊白块还具有漂白作用，在米粉、腐竹等产品中加入吊白块可使米粉、腐竹色泽白净，更加吸引消费者。另外，吊白块分解产生的甲醛具有防腐作用，能延长食品货架期。因此部分生产者为了使食品外观变白、变韧，提高口感和防腐，而在食品中直接大量添加吊白块。

5.3.4 非法添加吊白块的预防控制措施

（1）完善立法，加大惩处力度

2008年，全国打击违法添加非食用物质和滥用食品添加剂专项整治领导小组颁布的《关于印发〈食品中可能违法添加的非食用物质和易滥用的食品添加剂品种名单（第一批）〉的通知》（食品整治办〔2008〕3号）中明确将次硫酸氢钠甲醛（吊白块）列为非食用物质。2011年，国务院办公厅下发了《国务院办公厅关于严厉打击食品非法添加行为切实加强食品添加剂监管的通知》，要求各地各部门严厉打击食品非法添加行为，切实加强食品添加剂监管。食品生产、加工、销售者要严格执行《中华人民共和国食品安全法》有关规定，凡在生产、销售的食品中，添加或掺入有毒有害物质的，不以数量计，都有可能构成"生产、销售有毒有害食品罪"，必将受到法律严惩。

（2）强化相关检验检测标准

2008年5月1日起，我国实施了《小麦粉与大米粉及其制品中甲醛次硫酸氢钠含量测定》（GB/T 21126—2007）国家标准，此标准规定了高效液相色谱仪检测小麦粉与大米粉中甲醛次硫酸氢钠含量的方法。近年来，科研工作者也一直在积极探索优化检测方法，如乙酰丙酮分光光度法、离子色谱法、质谱法及快速检测法等。

（3）市场监管部门加强监控及执法力度

为整顿和规范市场经济秩序，我国市场监管部门在监督抽查和风险监测工作中将吊白块列入监控重点，加强了对产品中吊白块的监管，更加强调各部门间的相互配合，做好打防结合，标本兼治，全面防控吊白块在食品中的非法使用，从生产加工源头保证食品质量。此外，对违法事件及时处理的程度和处理力度也应大幅提高，使之有法必依、执法必严、违法必究，保障人身健康和财产安全。

5.3.5 案例启示

日常生活中消费者应购买正规生产厂家及品牌的食品。政府应通过各种媒介对吊白块的危害性做适当宣传，提高消费者的认识及鉴别能力，同时，还应向全社会大力宣传诚信意识、道德意识和法律意识，让全社会形成一个良好的安全环境氛围，使不法分子无空可钻，无计可施。

> 思考题
>
> 1. 吊白块的主要危害及产生的原因是什么？
> 2. 主要添加吊白块的食品种类有哪些？
> 3. 针对吊白块的预防控制措施有哪些？

5.4 非法添加二氧化硫引发的食品安全案例

5.4.1 案例概述

2020年7月2日，海南省市场监督管理局官网发布2020年第25期4批次食品不合格情况的通告，其中海口某米粉小作坊生产销售的米粉被检出二氧化硫。经海南省市场监督管理局组织抽检结果显示，检验项目二氧化硫残留量（检出值0.030g/kg，国家标准值不得检出）不符合食品安全国家标准规定。

深圳市市场监督管理局通报2021年第29期食品安全抽样检验情况。共抽检蔬菜制品88批次，检出不合格样品10批次，不合格项目均为二氧化硫残留量。不合格食品主要是百合干和豆角干，二氧化硫超标最严重的食品超标近11倍。随后，对不合格产品及其生产经营者进行调查处理并依法查处。

5.4.2 二氧化硫的致病性及其危害

通常情况下，二氧化硫以焦亚硫酸钾、焦亚硫酸钠、亚硫酸钠、亚硫酸氢钠、低亚硫酸钠等亚硫酸盐的形式添加于食品中，或采用硫黄熏蒸的方式用于食品处理，在食品工业中发挥护色、防腐、漂白和抗氧化的作用。按照标准规定合理使用二氧化硫不会对人体健康造成危害，但长期超限量接触二氧化硫可能会引发人类呼吸困难、腹泻、呕吐等症状，会影响人体对钙的吸收，并破坏B族维生素，对人体的呼吸系统、生殖系统、消化系统、神经系统、免疫系统都可能产生不同程度的损伤。

5.4.3 非法添加二氧化硫的主要食品类别

食品加工过程中过量的添加，无后续的去除工序，会导致二氧化硫的残留超标。另外，在不允许添加的食品类别中添加也会造成食品添加剂的滥用。国际上多个国家和地区对二氧化硫的使用均有明确的规定。国际食品法典委员会（Codex Alimentarius Commission，CAC）、欧盟、美国、澳大利亚、新西兰、加拿大等国际组织、国家和地区的法规和标准中均规定二氧化硫用于相应食品类别。联合国粮食及农业组织/世界卫生组织食品添加剂联合专家委员会（Joint FAO/WHO Expert Committee on Food Additives，JECFA）对二氧化硫进行了安全性评估，并制定了每日允许摄入量（acceptable daily intake，ADI）为$0 \sim 0.7$mg/kg。国际食品法典（CODEX STAN 212—1999）对食糖中的二氧化硫也做了限量要求，白砂糖中二氧化硫残留量应$\leqslant 15$mg/kg。

我国《食品安全国家标准　食品添加剂使用标准》（GB 2760—2014）明确规定了二氧

化硫作为漂白剂、防腐剂、抗氧化剂用于食品的最大使用量,部分食品的限值要求见表5-1所列。

表 5-1 部分食品中二氧化硫的限值要求

序号	食品名称	最大使用量以 SO_2 残留量计/(g/kg)	序号	食品名称	最大使用量以 SO_2 残留量计/(g/kg)
1	经表面处理的鲜水果	0.05	5	干制蔬菜	0.2
2	水果干类	0.1	6	腌渍的蔬菜	0.1
3	蜜饯凉果	0.35	7	蔬菜罐头(仅限竹笋、酸菜)	0.05
4	坚果与籽类罐头	0.05	8	饼干	0.1

同时,为了保证其安全使用,《食品安全国家标准 食品添加剂二氧化硫》(GB 1886.213—2016)制定了食品添加剂二氧化硫的质量规格要求。另外,按照《食品安全国家标准 预包装食品标签通则》(GB 7718—2011)的规定,只要在食品中使用了亚硫酸盐就必须在食品标签上进行标识。

5.4.4 非法添加二氧化硫的预防控制措施

(1) 食品生产企业要严格遵守相关标准法规

食品生产企业应严格遵守《食品安全国家标准 食品添加剂使用标准》(GB 2760—2014)的要求,在达到预期效果的前提下尽可能降低二氧化硫在食品中的使用量,不可超范围、超限量使用。食品中的二氧化硫不像工业中那样可以随意地采用酸碱中和法来消除,目前还没有很好的方法在保持食品性状不变的基础上来有效清除二氧化硫残余物,采用浸泡法效果也不太明显,所以要求企业在生产前和生产过程中就要严格控制添加量。在采购原料时,对二氧化硫残留量进行测定,在生产过程中,将添加量控制在国家规定的范围内。此外,企业也可通过革新工艺,研制新产品新技术,从技术、工艺上控制褐变、有害微生物的污染和繁殖,减少含硫食品添加剂的使用量。如果在食品中添加了亚硫酸盐,生产企业应按照《食品安全国家标准 预包装食品标签通则》(GB 7718—2011)的规定进行规范标识。

(2) 强化相关检验检测标准和食品监管部门的执法力度

《食品安全国家标准 食品中二氧化硫的测定》(GB 5009.34—2016),规定了果脯、干菜、米粉类、粉条、砂糖、食用菌和葡萄酒等食品中总二氧化硫的测定方法,通过滴定法测定二氧化硫含量。《出口葡萄酒中总二氧化硫的测定比色法》(SN/T 4675.22—2016)规定了葡萄酒中总二氧化硫的比色测定方法。传统的比色法和滴定法所需检测条件简单,可以满足一般实验室开展检测的需求,具有很好的普及性。随着色谱仪器检测技术的成熟,以及在各类检测中的广泛应用,色谱已经成为很多常规实验室的必备仪器。色谱法检测二氧化硫残留量能够避免传统化学检测法的弊端,具有更高的准确度。此外,快速检测方法如荧光探针法、表面增强拉曼光谱法、电极法等与智能手机检测相结合,拓展二氧化硫的检测思路,为开发相应的快速检测设备提供了理论基础,在推广应用上也有很大的发展前景。在技术支撑下,建议监管部门进一步加强对食品添加剂使用标准等相关规定的宣传力度,同时加大监管力度,对于超限量、超范围使用二氧化硫的企业应给予严厉处罚。

5.4.5 案例启示

由于二氧化硫、焦亚硫酸钾、焦亚硫酸钠、亚硫酸钠等食品添加剂具有漂白、防腐、抗氧化等功能，不法商贩为了迎合消费者的需求、延长保质期，超范围、超量使用这些食品添加剂。因此，建议消费者理性消费，不要过度追求食品的感官特性，应该从科学和自然的角度去理解食品成分和感官质量。

思考题

1. 超范围、超量使用二氧化硫的危害有哪些？
2. 易发生二氧化硫残留超标的食品种类有哪些？
3. 生产企业、监管部门如何控制食品二氧化硫残留超标？

5.5 其他非法添加物引发的食品安全案例

5.5.1 非法添加瘦肉精引发的食品安全案例

5.5.1.1 案例概述

国家食品药品监督管理总局2015年9月1日公布了2015年2～6月食品的抽检结果，有65个批次产品不合格，其中某肉制品集团分公司生产的猪后臀尖肉，检测出西马特罗物质。分公司随后要求复检，但在规定的期间内并没有完成复检，经过食药监总局的复核，结果仍是不合格。

20世纪80年代初，美国最先将一定量的盐酸克仑特罗添加入饲料，以提高牲畜的瘦肉率。但发现人吃了这种猪肉后，易出现心跳加速、呼吸困难等症状。此后我国香港、广东等地也发生了因食用猪肺汤的食物中毒事件，"瘦肉精"问题开始浮出水面。

"瘦肉精"在我国早就被明确禁止使用，然而，虽然打击力度不断加大，"瘦肉精"事件却时有发生，如：

2001年，包括北京、天津在内九个省市的23家养殖场被发现违规使用盐酸克仑特罗（又称瘦肉精）。

2002年，广州某饲料生产公司违规添加"瘦肉精"导致480多人中毒。涉案饲料公司经理被判处有期徒刑4年。

5.5.1.2 瘦肉精的致病性及其危害

瘦肉精是一类药物的统称，任何能够抑制动物脂肪生成，促进瘦肉生长的物质都可以称为瘦肉精。该药物既不是兽药，也不是饲料添加剂，而是肾上腺类神经兴奋剂，主要是指盐酸克仑特罗和莱克多巴胺，此外还包括沙丁胺醇、硫酸沙丁胺醇、盐酸多巴胺、硫酸特布他林，这些药物都属于β兴奋剂，兴奋交感神经，能使心跳加快，促进肌肉的生长，消耗多余脂肪。瘦肉精为白色粉末，味略苦，大剂量用在饲料中，可以促进猪的增长，减少脂肪含量,提高瘦肉率,使肉品提早上市,降低成本。但瘦肉精有着较强的毒性,长期使用有可能导致染色体畸变,甚至诱发恶性肿瘤。

研究发现,瘦肉精具有轻度蓄积毒性。此外有报道称,瘦肉精可导致动物染色体畸变,应用剂量越高,畸变率越高,能够诱发恶性肿瘤,研究人员推测其对人体也会导致相似的结果。但是盐酸克仑特罗是否对机体遗传物质产生影响,需要对其进行多项致突变试验才能做出判断。有报道指出,一次性摄入盐酸克仑特罗过多可导致动物心律失常,长期摄入盐酸克仑特罗对心脏会产生有害影响,而且还会使肌肉的运动耐力降低。

有研究指出,盐酸克仑特罗明显减少肝、肾脏器指数,使肾上腺脏器指数明显增大;长期服用盐酸克仑特罗会导致肾上腺分泌功能过度,对机体产生不利影响。盐酸克仑特罗还会对机体免疫产生抑制作用,改变雌性动物生殖系统功能。人类食用超过盐酸克仑特罗残留限量的肉及其制品后,会发生急性中毒,其毒性反应因人因剂量而异。通常表现为面色潮红、头痛、头晕、乏力、胸闷、心悸、四肢及颈部骨骼肌震颤。此外,心律失常、高血压、青光眼、糖尿病、甲状腺功能亢进、前列腺肥大疾病的患者更容易产生急性中毒症状。

5.5.1.3 非法添加瘦肉精的预防控制措施

(1) 加强食品市场监管力度

加大对涉及食品安全事件责任企业和责任人的惩罚和打击力度,健全市场管理和食品生产许可证制度、食品市场准入制度和不安全食品的强制召回制度,严控非法使用来源,确保消费者吃上安全放心的食品。

(2) 推进规范化管理,实现可控、可追溯

推动养殖户建立生猪、肉牛养殖档案,详细记录饲养环节中饲料及饲料添加剂、兽药等的来源、名称、使用时间、用量等信息。此外,生猪、肉牛收购前要详细了解养殖户档案记录,建立购销档案,加强全过程管理,确保食品安全。

(3) 强化监督职责,认真落实监管

要在做好常规监测和应急监测的基础上,认真部署集中检测工作。针对不同生猪、肉牛来源抽检数量确定,对发现存在瘦肉精隐患的地区,实施100%检测,重点检测猪和牛尿液、猪肝、牛肝中"瘦肉精"残留含量。

5.5.1.4 案例启示

瘦肉精类物质一般被不法商户应用于养殖动物中,因此,购买猪、牛、羊等肉制品时要认准正规企业生产的产品,拒绝不明来源产地和无屠宰证明的肉制品,提高对进口肉制品和廉价的涉嫌走私肉品的警惕,确保食品安全。

5.5.2 非法添加孔雀石绿引发的食品安全案例

5.5.2.1 案例概述

2016年5月,为防治鱼病,增强鱼的鲜活度,何某某在其负责的鱼塘内投放了国家明令禁止添加的有毒、有害物质"孔雀石绿"。2017年5月13日,常德市鼎城区某水产市场的经营户张某某通过联系从事鱼买卖中介侯某某,从何某某养殖的添加过"孔雀石绿"的鱼

塘里购买了 500kg 牛尾鱼运至张某某的渔行，张某某在没有查验该批牛尾鱼产地证明和检验证明的情况下，直接接收并销售。2017 年 5 月 14 日，鼎城区食品药品监督管理局的工作人员到张某某的渔行进行抽检，从其销售的牛尾鱼中检验出禁止药物"孔雀石绿"含量为 6.14μg/kg。

2022 年 3 月，浙江嘉兴公安机关侦破非法添加禁限用物质制售问题泡发食品系列案，查处加工、储存、销售窝点 20 个，抓获犯罪嫌疑人 9 名，现场查获问题泡发食品 27t，以及孔雀石绿、焦亚硫酸钠等禁限用物质 43kg。经查，犯罪嫌疑人郑某某等人非法加工制作添加孔雀石绿的食品、超限量滥用焦亚硫酸钠的食品，并使用化学原料生产铝含量超标的食品，通过市场对外进行批发、零售。

5.5.2.2 孔雀石绿的致病性及其危害

孔雀石绿（malachite green）又名碱性绿、盐基块绿、孔雀绿，是一种带有金属光泽的绿色结晶体，属有毒的三苯甲烷类化学物，它既是染料，也是杀菌剂。过去常被用于制陶业、纺织业、皮革业和细胞化学染色剂，1933 年起其作为驱虫剂、杀菌剂、防腐剂在水产中使用，后曾被广泛用于预防与治疗各类水产动物的水霉病、鳃霉病等，特别在治疗水霉病上具有非常有效的作用。孔雀石绿的分子式为 $C_{23}H_{25}ClN_2$，分子量为 364.92，一般以氯化物或者草酸盐的形式存在。其在水生生物体中的主要代谢产物为无色孔雀石，分子式为 $C_{23}H_{26}N_2$，分子量为 330，连接 3 个苯基的碳是单键，所以比较稳定。无色孔雀石绿的结构类似于典型的芳香胺化合物，是孔雀石绿染料合成的前体物，也是工业生产中最严重的污染物。孔雀石绿是水产养殖中禁用的代表性物质的一种，隐色孔雀石绿是孔雀石绿进入人类或动物机体后通过生物转化生成脂溶性的物质，具有致癌、致畸、致突变等危害，所以国际癌症研究机构将其列为致癌物，因此世界各国明确禁用孔雀石绿，对水产品中孔雀石绿的残留均有严格明确的限量标准。世界上许多国家已将孔雀石绿列为水产养殖禁用药物，我国也于 2002 年 5 月将孔雀石绿列入《食品动物禁用的兽药及其化合物清单》[中华人民共和国农业部公告（2002）第 193 号]。

(1) 高毒性

孔雀石绿及隐色孔雀石绿对实验动物具有急性毒性，相关研究发现孔雀石绿对水生动物的安全浓度较低，孔雀石绿进入鱼体内转化为隐色孔雀石绿，隐色孔雀石绿的亲脂性，使其很容易透过水产品动物组织的间隙，在短时间内聚集形成有效血药浓度，损坏鱼类肾、肠等器官，阻碍鱼体正常排泄和解毒功能，进而鱼体内药物的消除速度减慢，药物蓄积中毒，影响鱼类的正常生长发育。

(2) 高残留

当孔雀石绿进入动物体内后，通过体内生物转化的过程，在还原酶的作用下转变成隐色孔雀石绿，隐色孔雀石绿具有亲脂性，会在组织中快速蓄积。

(3) 高致癌、致畸

孔雀石绿的化学官能团是三苯甲烷，其分子中与苯基相连的亚甲基和次甲基受苯环影响有较高的反应活性，可生成三苯甲基自由基，使细胞凋亡出现异常，诱发肿瘤和脂质过氧化。孔雀石绿能致使淡水鱼卵染色体异常，当孔雀石绿浓度高于一定值时，软体动物的受精卵或是幼体都有不同程度的发育畸形。

5.5.2.3 非法添加孔雀石绿的主要食品类别

近年来，引起孔雀石绿中毒的食品多为水产品。2017 年 1 月 22 日，湖南省食品药品监督管理局在水产品抽查中发现 7 批次鱼类孔雀石绿项目超标。

5.5.2.4 非法添加孔雀石绿的预防控制措施

水产品中孔雀石绿的残留直接关系到人们身体健康、水产品出口贸易以及水产养殖业的健康发展。水产品中孔雀石绿残留产生的原因主要是由于兽药经营部门的非法销售和养殖者的非法使用。非法使用的主要原因在于孔雀石绿价格低廉，且可高效控制疫病。

（1）加大宣传力度

养殖者和消费者应充分认识孔雀石绿对水产养殖动物乃至人类造成的危害，同时加强兽药经营者和水产养殖者科学用药意识的教育和用药技术的培训，提高兽药经营者和水产养殖者的职业道德和质量安全意识。

（2）加强监管力度

各级畜牧兽医行政管理部门与渔业行政管理部门要统一思想，密切配合，采取切实有效措施，管理好孔雀石绿的销售环节和使用环节，打击违法行为。推广替代孔雀石绿的有效药物，在鱼类水霉病防治中，除了采用药物治疗以外，彻底清塘，保持水质清洁，及时采用微生态制剂改良水质，避免水质恶化，也是有效的做法。此外，在鱼苗、鱼种的运输、下塘时避免鱼体受伤等措施，可防止疫病的发生。

5.5.2.5 案例启示

食品监督部门要加强水产品养殖环境监测和运输保藏环境检查，完善产品品质检测技术，加重非法使用的处罚力度。对消费者而言，要从正规大型商场超市购买水产品，发现水产品颜色异常的，应避免购买，并向食品监管部门报告。

5.5.3 非法添加硼砂引发的食品安全案例

5.5.3.1 案例概述

2019 年 5 月 14 日，韶关市曲江区市场监督管理局对曲江区马坝镇某美食店加工的粽子（加工日期：2019-05-14）进行监督抽样，经检验，当事人加工该批次粽子不符合《食品中可能违法添加的非食用物质和易滥用的食品添加剂品种名单（第一批）》要求，检验结论为不合格。执法人员在该门店的洗消间发现一罐散装硼砂（约 150g），当事人承认在加工自制上述批次粽子时使用了硼砂。上述经营使用非食品原料（硼砂）加工自制粽子食品的行为，违反了《广东省食品生产加工小作坊和食品摊贩管理条例》第十五条第一款第（三）项的规定。曲江区市场监督管理局于 2019 年 8 月 13 日作出行政处罚，没收所得金额及用于违法生产的硼砂 150g，处以罚款 10000 元。同时，此案涉嫌触犯《中华人民共和国刑法》第一百四十四条生产、销售有毒、有害食品罪，曲江区市场监督管理局于 8 月 23 日依法将该案移送韶关市公安局曲江分局立案处理。

2015 年 6 月 15 日，湖南省邵阳市邵阳县食品药品监督管理局接群众举报，称某食品店销售有硼砂，可能用于馄饨皮制作。当地食品药品监督管理局和公安部门经现场检查发现，在店主郭某某住处杂物区发现一袋有标识的硼砂,标识量50kg,现场检查时余20kg。监管部门对此违法添加案件进行了查处。

5.5.3.2 硼砂的致病性及其危害

硼砂是一种无机化合物,分子式为$Na_2B_4O_7 \cdot 10H_2O$,分子量为381.37。硼砂是非常重要的含硼矿物及硼化合物,通常为含有无色晶体的白色粉末,易溶于水。硼砂有广泛的用途,可用作清洁剂、杀虫剂等。硼砂毒性较高,世界各国多禁用为食品添加剂。人体若摄入过多的硼,会引发多脏器的蓄积性中毒。

硼砂的动物急性毒性实验低毒至微毒,动物口服硼砂后的LD_{50}为$2\sim5.33g/kg$。但是,硼砂在人体则显示了较高的毒性作用。成人摄入硼砂$1\sim3g$可引起中毒。成人致死量为$15\sim20g$,儿童致死量为$5\sim10g$。

硼砂通过口服进入人体后,不易排出体外。长期摄食含有微量硼砂的食物,会导致硼砂在体内不断蓄积,严重影响人体消化道酶类作用的发挥,导致有害物质不能及时排出,继而对人体的健康产生极大的危害,引起食欲减退、消化不良、抑制营养素吸收等症状。

硼砂中毒的临床症状主要表现在心脏、血管、神经、胃肠、生殖、泌尿、体温调节和皮肤等多个方面。食用含有硼砂的食品后,轻者会食欲减退、消化不良,重者会造成呕吐、腹泻、红斑、循环系统障碍、休克及昏迷等硼砂中毒症状。硼砂中毒者的病理检查可见胃、肾、肝、脑和皮肤出现非特异性病变,主要有肝充血、脂肪变性、肝细胞混浊肿胀;肾呈弥漫性水肿,肾小球和肾小管均有损害;脑和肺出现水肿。

5.5.3.3 非法添加硼砂的主要食品类别

硼砂之所以被用到食品中,主要是因为硼砂在水中呈现弱碱性。与拉面使用的蓬灰,或者做馒头用的碱面一样,弱碱性使得面团更加筋道、有弹性,可提高食品的口感。所以,硼砂常被非法用于拉面、凉皮、米皮、饺子皮、挂面、糕点等面食中。

联合国粮食及农业组织和世界卫生组织的食品添加剂联合专家委员会做出正式决定——正常情况下,成人一次摄入$1\sim3g$硼砂即可中毒,硼砂"不适于作为食品添加剂使用"。

5.5.3.4 非法添加硼砂的预防控制措施

国家食品药品监督管理总局2016年发布的《食品安全国家标准 食品中硼酸的测定》(GB 5009.275—2016)中规定了食品中硼酸的测定方法,对于在食品中硼砂的检测起到重要作用。

(1) 加大宣传科普力度,提高公民食品安全素养

加大对商家和摊贩的科普宣传,杜绝在食品或食品加工过程中使用硼砂。政府对食品从业人员进行教育培训,从科学角度解析其对人类的危害性;在全国各地各级市场进行教育宣传,加强学生的食品安全教育,让广大消费者了解到添加硼砂的危害。

(2) 加强执法力度

我国早在2009年就明确禁止在食品中添加硼砂,除了继续加大宣传教育工作外,还要进行严格执法,充分发挥法律的威慑力。

(3) 建立原料采购档案

对于危险品的销售和购买,严格执行透明制度,建立原料采购档案,做到有据可查全程

追溯制度，从根源上杜绝危险品流通到食品市场上。

（4）多部门联合联动，共同执法

食品安全是个系统工程，需要各部门通力协作，联合行动，要制定统一的管理措施，共抓共管，才会收到好的效果。

5.5.3.5 案例启示

近年来，随着监管力度的加强，硼砂在食品中的使用受到越来越严格的监管，但个别商户非法使用的情况也偶有发生。食品企业和小加工作坊在生产中要选择合规原料或添加剂进行生产，通过产品开发创新，选择更优质安全的替代品，保障消费者食品安全。

5.5.4 非法添加敌敌畏引发的食品安全案例

5.5.4.1 案例概述

2012年5月，浙江杭州市质监局余杭分局会同公安机关联合对位于仓前镇高桥村某出租房内的肉制品加工场地进行执法检查。现场查获敌敌畏、亚硝酸钠、过氧化氢等非食用物质，查获成品、半成品肉制品20余吨，涉案产品货值30余万元。经检验，这些产品均存在严重质量问题。随即对问题产品进行无害化销毁，并将该案依法移送公安机关处理。

2018年10月10日，澧县市场监管局在对澧州八百里洞庭水产批发市场一门店销售的腊鱼进行抽检时，发现该批腊鱼中含有"敌敌畏"成分，随即扣押有毒腊鱼383.5kg，并将该案移送澧县公安局，澧县公安局于2018年10月26日立案进行侦查。经侦查查明，2018年10月10日，犯罪嫌疑人张某某在晾晒腌制腊鱼时，为防止蚊虫叮咬，将用"敌敌畏"调制的药水喷洒在晾晒过道和腌制腊鱼上。2019年5月，因涉嫌生产、销售有毒有害食品罪，经澧县人民法院依法判决，犯罪嫌疑人张某宏被判处有期徒刑7个月。

5.5.4.2 敌敌畏的致病性及其危害

敌敌畏（dichlorvos，DDVP）是一种高效低毒的广谱有机磷杀虫剂，化学名称为 O,O-二甲基-O-(2,2-二氯乙烯基)磷酸酯，是无色透明液体，具有特殊的芳香气味。由于它的杀虫范围广，所以被广泛地用于农作物防治虫害，是目前防治粮棉、果树、蔬菜、仓库和家庭卫生方面害虫的主要药剂。工业产品均为无色至浅棕色液体，纯品沸点为74℃，挥发性大，室温下在水中溶解度为1‰，煤油中溶解度2%～3%，能溶于有机溶剂，易水解，遇碱分解更快。其毒性大，大鼠经口 LD_{50} 为56～80mg/kg，经皮 LD_{50} 为75～210mg/kg，属于2B类致癌物。据文献报道，敌敌畏除了具有较强的挥发性外，同时还具有速效、低毒、低残毒、无臭等优点。

一般敌敌畏中毒是由于吸入、误服、误食含敌敌畏食品或自杀而引起的。由此而引起的中毒症状有头晕、头痛、恶心呕吐、腹痛、腹泻、流口水、瞳孔缩小、视物模糊、大量出汗、呼吸困难等，严重者可有全身紧束感、胸部压缩感、动作不自主、抽搐、口吐白沫、昏迷、大小便失禁、脉搏和呼吸减慢，甚至死亡。敌敌畏乳油所致接触性皮炎较多见，接触30min至数小时发病，皮肤有瘙痒或烧灼感、皮肤潮红、肿胀、水疱，局部可伴有肌颤。

5.5.4.3 非法添加敌敌畏的主要食品类别

一些不法生产加工点在火腿浸泡和鱼干制作过程中，为了防腐和驱蚊蝇，且令鱼体表面光滑明亮和感官良好,直接洒敌敌畏等农药在鱼体上或用含敌敌畏的水浸泡食品,也有在包装装箱时滴洒,这些非法操作会带来食品安全问题,严重时可导致严重中毒甚至死亡的发生。

5.5.4.4 非法添加敌敌畏残留的预防控制措施

(1) 加强用药检测监测,提高食品安全生产意识

一方面,在果蔬生产过程中,要加强农户用药宣传,严格按照用药时间和剂量实施,避免药物残留的情况发生;另一方面,在食品加工过程中要做好监测,严格禁止各类农药在食品加工中的使用,从食品原料和加工过程中杜绝残留问题,确保食品安全。敌敌畏的鉴别可以参照《食品安全国家标准 动物源性食品中敌百虫、敌敌畏、蝇毒磷残留量的测定 液相色谱-质谱/质谱法》(GB 23200.94—2016)的方法测定食品中的残留情况;对于肉制品或其他易被用于食品中的材料,可以通过异味辨识等方法来初步判断,尽可能避免接触此类物品。

(2) 调整农药产品结构,逐步淘汰高毒高残留产品

以敌敌畏为代表的高毒农药具有杀虫效果显著的特点,也因此成为违法使用的典型,因此对农药的施用采取更加严格的监管,通过开展高毒农药专项整治和推行高毒农药定点经营等组合监管措施,为我国农药禁用政策的实施提供保障,并加快剧毒和高毒农药的替代工作,有步骤和有计划地逐步取代相关品种;继续强化农药流通和使用等环节监管,确保剧毒和高毒农药不得用于蔬菜、瓜果、茶叶和中草药材等农作物。有关部门要加强研究并大力推广高效无毒的植物性农药和生物防治技术,以减少蔬菜生产对化学农药的依赖,真正做到从源头上解决农药中毒和蔬菜中农药残留量超标的问题。

(3) 健全法律法规,规范无公害蔬菜的生产

对农药残留量严重超标的食品生产者采取更加严厉的惩处措施,借鉴发达国家农药残留管理的经验,尽快制定和完善农药残留的法律法规,加大违法处罚力度。开展放心菜生产基地的规范化管理和农药残留量的检测工作,真正实现无农药残留的放心菜生产的规范化、优质化和安全化。

5.5.4.5 案例启示

食品加工过程中违法使用农药造成的食品安全事件时有发生,除需要监督监管部门进行检查外,还应加强对食品加工者和经营者的安全意识教育,增强食品卫生意识和法规意识,对地方特色食品产品的制作及时发布安全预警。另外,还要提醒广大消费者在购买食品时加强防范意识,注意食品安全风险。

思考题

1. 食品中的非法添加物主要有哪些?非法添加的目的是什么?
2. 从食品安全监管体系和管理机制上如何降低非法添加物的使用?
3. 怎样预防苏丹红污染、黄曲霉毒素污染?
4. 瘦肉精污染食品的危害有哪些?
5. 苏丹红污染食品的危害有哪些?
6. 三聚氰胺污染食品的危害主要有哪些?

参考文献

中国质量新闻网,2007."苏丹红"鸭蛋事件回放[EB/OL].(2007-03-28)[2022-09-22]. https://m.cqn.com.cn/cpkkx-bg/content/200703/28/content_618960.htm.

GB/T 21126—2007. 小麦粉与大米粉及其制品中甲醛次硫酸氢钠含量测定.

卞爱静,2021.我国食品安全问题及解决对策[J].中国食品(9):128-129.

陈伟洁,陆溶艳,聂丹,等,2021.高效液相色谱法测定食品中苏丹红的方法优化[J].现代食品(1):186-189.

央广网,2016.大连通报食用农产品质量安全监督抽检情况.[EB/OL].(2016-01-13)[2022-09-26]. http://dl.cnr.cn/jrdl/20160113/t20160113_521131091.shtml.

东莞政法网,2018.东坑警方查获一起生产、销售有毒、有害食品案件[EB/OL].(2018-07-16)[2022-09-26]. http://dgzf.dg.gov.cn/dgzf/jcdt/201807/8bab97373db4468f87efea5f1c242f11.shtml.

中国新闻网,2014.公安部侦破特大制售有毒有害腐竹案 涉山东等7省[EB/OL].(2014-11-23)[2022-09-26]. https://www.chinanews.com.cn/fz/2014/11-23/6805116.shtml.

佛山市禅城区人民检察院,2019.鱼贩在鱼塘内投放有害物质"孔雀石绿"终获刑[EB/OL].(2019-03-05)[2022-09-26]. https://jcy.chancheng.gov.cn/qjcy/jcy0204/201903/4b761e1a8754481cb03f97499e3b19d2.shtml.

关景奎,2010.欧盟降低三聚氰胺可耐受摄入量[N].中国食品报,2010-04-20(4).

广州日报,2019.广东通报2019年食品违法典型案例[EB/OL].(2019-11-03)[2022-09-26]. https://www.gzdaily.cn/amucsite/web/index.html#/detail/1053983.

国家市场监督管理局,2022.严查农村假冒伪劣食品 三部门曝光十大典型案例[EB/OL].(2022-01-18)[2022-09-26] https://www.samr.gov.cn/xw/mtjj/202201/t20220118_339212.html.

国家市场监督管理局,2012.质检总局公布今年第四批执法打假典型案例.[EB/OL].(2012-10-11)[2022-09-26]. http://www.ipraction.gov.cn/article/gzdt/bmdt/202004/67897.html.

中国质量新闻网,2006.国家质检总局曝光7家"涉红"制蛋企业[EB/OL].(2006-12-01)[2022-09-22]. https://m.cqn.com.cn/xfzn/content/2006-12/01/content_599382.htm.

海南省食品安全综合服务网,2022.海口琼山馨骏米粉小作坊制售米粉被检出二氧化硫[EB/OL].(2022-01-18)[2022-09-26]. http://www.hifsa.cn/view_fwxm.asp?nid=4759.

海南省市场监督管理局,2020.海南省市场监督管理局 关于4批次食品不合格情况的通告(2020年第25期)[EB/OL].(2020-07-02)[2022-09-26]. https://amr.hainan.gov.cn/zw/spcjxx/202007/t20200702_2813003.html.

韩爱云,左晓磊,霍惠玲,等,2015.苏丹红事件及其毒性研究概况[J].福建农业(4):176-177.

郝萍,梁秋坪,2022.公安部公布5起打击危害食用农产品安全犯罪典型案例[EB/OL].(2022-09-15)[2022-09-26]. http://jx.people.com.cn/n2/2022/0915/c186330-40125263.html.

何计国,2011.从"瘦肉精"事件看国内食品安全问题[J].中国猪业,5(4):4-7.

黄丽,陈思伊,庞洁,等,2020.食品中二氧化硫残留量检测研究进展[J].中国食品添加剂,31(8):123-128.

华声在线—湖南日报,2015.馄饨添加硼砂涉案逾千万元 邵阳县4家馄饨店被查[EB/OL].(2015-12-14)[2022-09-26]. https://hunan.voc.com.cn/article/201512/201512141111381540.html.

贾君,2006.北京六个鸭蛋样本被检出苏丹红[N].中国消费者报,11-15(A01).

江苏省卫生健康委员会,2006.江苏省2006年食品卫生行政处罚十大案例[EB/OL].(2006-11-01)[2021-06-28]. http://wjw.jiangsu.gov.cn/art/2006/11/1/art_7290_4538800.html.

央广网,2015.金锣生鲜肉检出瘦肉精 年内第二次因质量问题被通报[EB/OL].(2015-09-04)[2022-09-26]. http://china.cnr.cn/ygxw/20150904/t20150904_519764540.shtml.

刘东奇,陈化成,杨雪丽,2008.二氧化硫对机体各组织器官毒性作用的研究进展[J].畜牧兽医杂志,27(1):37-39.

刘芳,秦秀蓉,2008.苏丹红及其加入食品中的危害[J].时代教育(教育教学版)(3):226-227.

刘国中,张正尧,孙翠霞,2010.一起硼砂引起的食物中毒的调查分析[J].现代预防医学,37(11):2111-2112.

刘立萍,2009.高效液相色谱法测定奶制品中的三聚氰胺[J].食品科学,30(24):385-388.

刘丽娜,林天乐,曹永,2005.偶氮染料——苏丹红[J].精细与专用化学品,13(8):16-17.

刘莉,2008.初步抽检发现三鹿奶粉多项指标不合格[N].中国质量报,9-13(1).

陆莉莉,蒋才斌,农馥俏,2020.白砂糖产品抽检不合格项目分析及控制措施[J].现代食品(24):73-76.

庞艳玲, 2006. 薄层色谱—紫外可见分光光度法在苏丹红检测中的研究与应用[D]. 青岛: 山东师范大学.

澎湃新闻, 2014. 山东淄博打掉有毒腐竹工厂, 7千斤添加吊白块腐竹流入市场[EB/OL]. (2014-11-09)[2021-06-28]. https://www.thepaper.cn/newsDetail_forward_1276830.

奇云, 2012. 以假乱真的蛋白质冒充物——解读"三聚氰胺"[J]. 家庭医学(下半月)(1):50-51.

深圳市市场监督管理局, 2021. 2021年食品安全抽样检验情况通报(第二十九期)[EB/OL]. (2021-10-29)[2022-09-26]. http://amr.sz.gov.cn/xxgk/qt/ztlm/spaq/spaqjg/content/post_9300191.html.

岱山新闻网, 2011, "瘦肉精": 缘何十年难禁绝? [EB/OL]. (2011-3-24)[2022-09-26]. http://dsnews.zjol.com.cn/dsnews/system/2011/03/24/013524338.shtml.

孙雪娜, 2021. 高效液相色谱法测定食品中苏丹红的研究[J]. 中国食品(9):68.

王宏伟, 刘素丽, 赵梅, 等, 2019. 食品中非法添加工业染料危害的研究进展[J]. 食品安全质量检测学报, 10(1):1-7.

王静, 2012. 食品中常见非法添加物及其危害[J]. 北京工商大学学报(自然科学版), 30(6):24-27.

王树庆, 苏蕾, 2004. 食品中甲醛的含量与控制[J]. 食品工业科技, 25(11):37-138.

王政, 2008. 引导和规范乳制品行业持续健康发展[N]. 人民日报, 2008-10-04(2).

吴岘, 2005. 由苏丹红叩问饲用色素[J]. 畜禽业(7):6-10.

夏宁, 2005. 苏丹红的种类及其对人类的危害[J]. 内江科技(4):64.

徐向荣, 郝青, 彭加喜, 等, 2013. 水产品中残留孔雀石绿研究进展[J]. 热带海洋学报, 32(4):97-106.

中国日报, 2011. 央视爆萨其马含硼砂 最高4.62克/公斤 北京市排查[N/OL]. (2011-07-14)[2022-09-26]. https://www.chinanews.com.cn/cj/2011/07-14/3180709.shtml.

佚名, 2008. 苏丹红事件回顾[J]. 中国计量(11):17.

张华, 2008. 开展蛋品生产全流程检查[N]. 中国质量报, 2008-10-31(1).

郑洁, 米衡, 诗淇, 等, 2007. "毒狗粮"与被拒的298次中国食品[N]. 经济视点报:5-24(8).

中国消费者协会, 2005. 质检总局发通知严查含苏丹红色素食品[EB/OL]. (2005-02-25)[2022-09-22]. https://www.cca.cn/zxsd/detail/2656.html.

中国质量新闻网, 2021. 广东深圳市市场监督管理局:10批次蔬菜制品二氧化硫残留量超标[EB/OL]. (2021-12-14)[2022-09-26]. http://www.ipraction.gov.cn/article/gzdt/zlbg/202112/364362.html.

周和毅, 2001. 武汉"毒米粉"事件的反思[J]. 中国保健营养(9): 5-7.

周颖, 朱伟, 杜琰琰, 等, 2007. 吊白块急性毒性作用研究[J]. 癌变·畸变·突变, 9(5):416-417.

祝海珍, 2021. 乳制品中三聚氰胺检测方法的现状及研究进展[J]. 食品安全质量检测学报, 12(3):1009-1014.

第 6 章

假冒伪劣相关食品安全案例

学习目标

1. 了解国内外发生的假冒伪劣食品引发的典型食品安全案例。
2. 掌握国内外假冒伪劣食品引发食品安全案例的发生原因。
3. 学习如何避免假冒伪劣食品的产生。

学习重点

1. 国内外发生的假冒伪劣食品引发的食品安全案例。
2. 导致国内外假冒伪劣食品引发食品安全案例的发生原因。

本章导引

引导学生除了学习食品安全危害因素及其控制技术外，在树立家国情怀、培养专业兴趣、端正职业态度、讲求职业道德等方面进行学习。

6.1 酒类假冒伪劣案例及分析

6.1.1 白酒假冒伪劣案例及分析

6.1.1.1 案例概述

1998年1月，山西省朔州市文水县农民王某某为牟取暴利，铤而走险，用34t甲醇加水，勾兑成散装白酒，其甲醇含量高达361g/L，致27人死亡，中毒入院接受救治222人。依照刑法的有关规定，相关人员均受到行政处罚。受假酒导致的中毒事件影响，朔州酒业遭受重大损失。

6.1.1.2 假冒伪劣白酒的致病性及其危害

蒸馏酒及配制酒常见的安全问题是甲醇超标。其中，甲醇超标危害最严重，它在人体内代谢缓慢且氧化不完全，其先氧化成甲醛，再为甲酸，而甲醛与甲酸的毒性分别比甲醇大

30倍和6倍。甲醇能损害视神经，在体内有蓄积作用。因此，当酒中含有少量甲醇时也会使视神经受到一定损害。当饮用甲醇含量高的酒时，能导致甲醇中毒，轻者会使人感到头痛、头晕、恶心、视力模糊，重者会导致视网膜受损、视力下降甚至失明，严重者呼吸困难、昏迷，甚至死亡。

6.1.1.3 假冒伪劣白酒的预防控制措施

初蒸出来的头酒甲醇含量偏高，应作为工业酒精用。甲醇的精馏系数随酒精含量的增高而增大。因此，甲醇在酒精浓度高时有易于分离的特点，可通过提高回流比的方法，提高酒精浓度，把甲醇从酒精中分离出来。甲醇既可是头级杂质，也可是尾级杂质。因此，严格采取截头去尾的方法，可略微降低其含量，当成品酒中甲醇含量超标时，可选用吸附甲醇的天然沸石或人造分子筛进行处理，甲醇的排除率可达35.7%～81.6%。生产工艺过程应减低蒸煮压力，采用缓慢蒸酒、增加排气量的方法。实验表明，将原料预先浸泡处理也可除去部分可溶性果胶质，降低白酒中甲醇含量，提高白酒质量。

因此，白酒应严格执行《食品国家安全标准 蒸馏酒及其配制酒》（GB 2757—2012）中对甲醇等有害物质的规定，即粮谷类蒸馏酒及其配制酒中的甲醇含量不得高于0.6g/L，其他类蒸馏酒及其配制酒中的甲醇含量不得高于2.0g/L。生产企业必须建立健全出厂检验制度，对原料及产品必须进行检验。不应使用不合格原料，经检验不合格的产品不应出厂，经营单位不应收购销售不合格产品。

6.1.2 白酒中添加敌敌畏案例及分析

6.1.2.1 案例概述

2014年3~6月份，为给白酒压苦提香，防止变质，陕西省汉中市范某在生产白酒过程中，在蒸馏时往酒甑中掺入有毒有害的非食品原料敌敌畏，并将含有有毒有害原料的白酒予以销售。2014年7月9日，镇巴县食品监督管理部门对范某生产的白酒实施监督抽检，经陕西省产品质量监督检验研究院检测，结果显示敌敌畏含量为0.19mg/L。陕西省汉中市镇巴县人民法院经审理认为，被告人范某在从事玉米酒生产时，与镇巴县食品监督管理部门签署《食品生产加工小作坊质量安全承诺书》和《食品生产企业食品添加剂使用承诺书》，明知敌敌畏是国家禁止添加在酒中的非食用物质，仍在生产白酒过程中添加敌敌畏并销售，构成生产、销售有毒有害食品罪，根据《中华人民共和国刑法》等相关规定判刑六个月并处罚金10000元。

6.1.2.2 白酒中添加敌敌畏的致病性及其危害

敌敌畏作为一种有机磷杀虫剂，对人体有剧烈毒性，0.5~5.0g即可致人死亡。轻度中毒表现为头晕、头痛、恶心、食欲减退、视力模糊、出汗、流涎和四肢麻木等；中度中毒除上述表现外，还出现肌肉颤动、意识恍惚、语言障碍和瞳孔缩小等；严重时则会呼吸困难、全身抽搐、昏迷甚至可能休克死亡。且敌敌畏与乙醇具有联合作用，酒中的敌敌畏可加重对人体的毒性。因此，酒中存有的敌敌畏即便未达到中毒量也对人体十分有害。

6.1.2.3 白酒中添加敌敌畏的预防控制措施

根据《食品安全国家标准 食品中农药最大残留限量》（GB 2763—2021）规定，敌敌畏在蔬菜、调味料、水果、谷物、油料、油脂和动物源食品中限量要求，在其他食品中禁止添加。

6.1.3 葡萄酒造假案例及分析

6.1.3.1 案例概述

2010年12月23日，中央电视台《焦点访谈》曝光河北省昌黎县葡萄酒制假售假事件后，对涉嫌造假企业已刑事拘留涉案人员6人，封存企业账户16个，冻结资金283.4万元。

近年来，葡萄酒依然不乏制假售假事件曝光，这些案件国内、国外均有发生，如法国、意大利、葡萄牙和柬埔寨。

6.1.3.2 假冒伪劣葡萄酒的致病性及其危害

葡萄酒是指以鲜葡萄或葡萄汁为原料，经全部或部分发酵酿制而成的，含有一定酒精度的发酵酒。以成品颜色来说，可分为红葡萄酒、白葡萄酒及粉红葡萄酒三类。其中，红葡萄酒又可细分为干红葡萄酒、半干红葡萄酒、半甜红葡萄酒和甜红葡萄酒，白葡萄酒则细分为干白葡萄酒、半干白葡萄酒、半甜白葡萄酒和甜白葡萄酒。红葡萄酒富含白藜芦醇，有预防高脂血症以及调理血糖代谢的作用，也有利于体内血液循环的通畅。葡萄酒中的天然原料及酿制过程，使它蕴藏有多种氨基酸、矿物质和维生素，这都是人体必须补充和吸收的营养品。它可以不经过预先消化，直接被人体吸收。葡萄酒中含有抗氧化功能的酚类物质，适量饮用葡萄酒具有防衰老、益寿延年的效果。

葡萄酒制假行为一般以产品傍名牌、换"马甲"、以次充好为主，市场上葡萄酒的价格区间在十几元到几万元不等，红酒乱象的主要原因是红酒市场价格体系混乱。据报道，低价假冒红酒的成本仅为4元/瓶，但市面上最便宜的红酒也需30元左右，价格翻了五六倍，而制售假冒的拉菲、拉图、木桐的利润空间更高。另外，国内消费者对红酒的鉴别能力不足，"砍价""杀价"成为购买红酒主要方式。用食用酒精掺添加剂、香精、色素等调制后做成假冒葡萄酒，之后再贴上各种葡萄酒标签，冒充名牌葡萄酒销售。假葡萄酒使用的人工色素中含有偶氮苯类物质，它能诱使生物细胞增殖，在动物实验中已被证实可能致癌。制假生产过程极不规范、易受有害微生物污染等会使生物胺、生物毒素等超标，从而引起头痛、心律失常，甚至诱发癌症。

6.1.3.3 假冒葡萄酒的预防控制措施

对于普通的消费者，购买红酒时，第一看酒标，正常葡萄酒没有多国语言混用的现象，且在国内销售的葡萄酒应有中文标签；第二看葡萄酒原产地证明、报关单和卫检证书等；第三选择有口碑、有信誉的葡萄酒销售商；第四是不贪便宜，尽量不选择价格低得离谱的葡萄酒。

对于市场监管部门，既要营造公平竞争的环境，又要强化产品质量安全意识，对关系人民群众身体健康和生命安全的产品质量的监管要保持高度的警觉。要举一反三，扩大范围监督检查，更加严格地监管；要加大风险监测的力度，及时消除隐患；要完善制度，落实责任，特别是要在建立和落实长效机制上下功夫。认真监督检查节假日热销食品，进一步加大对制假售假违法行为的打击力度，让老百姓吃得放心、吃得安心。

对于技术部门，要加强葡萄酒真假鉴别的技术攻关，建立一批检测效率高、特异性强的检测方法，让那些制假售假行为无处遁形，为监管部门提供有力的技术支撑。

6.1.3.4 案例启示

我国酿酒技术历史悠久，通过上千年的历史发展，酒类工业已成为我国食品工业的支柱产业之一。酒类成为消费者生活中不可或缺的饮品，确保酒类的食品安全显得尤为重要。在酒类生产、加工过程中，利用工业酒精勾兑、添加敌敌畏、葡萄酒造假等行为在损害消费者健康的同时，也影响了酒类工业的健康发展。

思考题

1. 简述非法甲醇勾兑白酒的危害。
2. 如何降低白酒中甲醇含量？
3. 白酒中非法加入敌敌畏的目的是什么？
4. 白酒中加入敌敌畏的危害有哪些？
5. 分析葡萄酒造假的原因。
6. 葡萄酒造假的危害有哪些？

6.2 五常大米造假案例及分析

6.2.1 案例概述

2010年7月12日晚，中央电视台经济频道《消费主张》报道了消费市场上许多打着黑龙江五常大米旗号的大规模造假事件，事件遭到曝光后，五常市多家大米生产企业关闭，大量大米被查封。

《食品安全国家标准 食品添加剂使用标准》（GB 2760—2014）中规定：不应掩盖食品本身或加工过程中的质量缺陷或以掺杂、掺假、伪造为目的使用食品添加剂；卫生部门2009年专门发布第15号公告《关于大米等粮食生产者不得在生产加工过程中使用香精香料》的公告。

6.2.2 大米中添加香精的致病性及其危害

香精摄入过量会损害脏器，香精不是营养素，是由人工合成的模仿水果和天然香料气味的浓缩芳香油。它是一种人造香料，多用于制造食品、化妆品和卷烟等。食用香精是参照天然食品的香味，采用天然或天然等同香料、合成香料经精心调配而成具有天然风味的各种香型的香精。食用香精在食品加工生产中发挥不可或缺的作用。水果类水质和油质、奶类、家禽类、肉类、蔬菜类、坚果类、蜜饯类、乳化类以及酒类等各种香精，适用于饮料、饼干、糕点、冷冻类、糖果、调味料、乳制品、罐头、酒等食品。食用香精的剂型有液体、粉末、微胶囊、浆状等。因是人工合成的化学成分，人体少量食用可以解毒和代谢，在保障食品安全基础上，添加适量香精可以改善食品原有风味。但大米是我国大部分人日常生活中不可缺少的主食，食用量大，如果长期食用香精大米，对肝和肾造成潜在损害。天然香米是淡淡的清香，而加了香精的大米闻起来香味强烈，用手一摸，手上还会留下强烈的香味。

食用香精并非完全安全，多数香精的危害要经过长期积累才能表现出来，这些物质常常危害人类的生殖系统，同时多数具有潜在的致癌性，如香精中的邻苯二甲酸盐会影响生殖、幼儿发育。

长期食用人工合成含有非法添加成分的食用香精，可能会造成人体中毒，导致肝损伤，影响肝解毒功能等。因此要严格把控，不能过于依赖食用香精对食物的作用。

6.2.3　大米中添加香精的预防措施

国家有关部门联合建立严格的市场准入制度，从源头抓起，没有产品合格证明不得进入市场。建立市场监测体系，针对"香精"进行专项抽样检测活动，加大抽样检测力度。

加强法律法规建设，加大落实企业责任主体制度。加强对批发市场和大型超市的监管，加大对企业生产食品、加工食品等相关生产链合法性的检查力度。

增加媒体透明度，在网上、电视台及报纸等媒体上应有计划、有针对性曝光食品检测结果。遵循优胜劣汰的市场竞争规律，加大对优质、合格产品的宣传；对不合格者进行曝光，令其下架整改。

消费者学会辨别真伪大米。首先要看大米的色泽和外观。正常大米色泽鲜亮、透明，外表光滑。胶质部分是由大米中蛋白质含量多少所决定的，胶质部分越多，透明度越好，说明大米中的蛋白质含量越高。大米腹部常有一个不透明的白斑，白斑在大米粒中心部分被称为心白，在外部称为外白。大米腹白部分蛋白质含量较低，淀粉含量较高。腹白越亮，直链淀粉含量越高，煮熟后米饭黏性差，弹性弱，口感一般。反之，腹白越小，胶质越多，口感越好。另外，选购大米时还要细看米粒是否有爆腰现象。爆腰是大米在暴晒或干燥过程中发生的米粒内部失水不平衡造成的。爆腰米煮熟后米饭外观结构较差，弹性弱，口感差。选购大米时可抓一把大米，放开后，观察手中粘有糠粉情况，合格大米糠粉很少。此外，手中取少量大米，向大米哈一口热气，或用手摩擦发热，然后立即嗅其气味。正常大米具有清香味，无异味。也可取几粒大米放入口中细嚼，正常大米微甜，无异味。

6.2.4　案例启示

大米作为主食之一，其质量应严格把控。针对此类问题，政府必须发挥其监管作用，坚决打击非法造假，明令禁止非法添加，整顿行业不正之风，保障食品安全；作为企业自身来讲，应树立正确的行业意识，加强自我监督与审查，坚决抵制损害消费者权益的行为；对于消费者而言，可依据经验与科学知识对所购买产品进行辨别，共同营造良好的环境氛围，促进更高水平的食品安全化生产。

思考题

1. 大米香精的种类有哪些？
2. 如何避免买到假的五常大米？
3. 通过上述案例总结我国食品安全管理体系的发展，思考当前农产品存在的问题以及发展方向。

4. 如何加强公民对食品安全和食用香精的认识？

5. 谈谈你对我国香精问题的看法。

6.3 火锅底料假冒伪劣案例及分析

6.3.1 火锅底料中非法加入石蜡案例及分析

6.3.1.1 案例概述

2004年2月1日，央视《每周质量报告》栏目播出了记者深入重庆市农贸市场以及暗藏在居民小区的生产窝点，调查火锅底料掺加石蜡的问题。随后，又在重庆市江北区江苏人刘某开的食品厂的原料库里找到了石蜡的包装袋。

重庆火锅是重庆的一张名片，每年给重庆带来了几十亿元的收入。2004年，火锅底料中掺入"石蜡"事件曝光后，重庆火锅行业遭受了巨大的信誉危机和惨重的经济损失，在全国的销售额急剧下滑，与同期相比下降了约1/3。

6.3.1.2 石蜡的致病性及其危害

牛油是火锅底料的主要原料之一，可起到增添香味的作用。用正宗牛油制作的火锅底料表面有一层油脂，闻之有纯正的香味，不含任何色素和食品添加剂，产品的软硬度会随着气温变化而变化。石蜡是一种从石油中提炼出来的化学物质，分为食品包装石蜡和食品级石蜡两种。食品包装石蜡是禁止使用的添加剂，在火锅底料中使用属于非法添加。食品包装石蜡因可增加火锅底料硬度，可达到和牛油一样的效果而被不法商人所使用。由于石蜡在高温下分解出的低分子化合物会对人的呼吸道、肠胃系统造成影响，有些物质还会在人体内蓄积，造成长期的慢性危害，消费者食用过多会降低免疫功能，引发人体细胞变异疾病，严重危害人体健康，因而被监管部门列为食品中严禁使用的添加剂。

6.3.1.3 "石蜡火锅"的预防控制措施

（1）严格监管，加大打击力度

监管部门要对食品生产和投放市场的过程严格把关，规范和加强生产过程的监控，加大对非法生产销售的打击力度，增加其生产风险和成本。

（2）制修订相关标准

火锅产业需要通过制修订相关标准，使火锅底料产业标准化和规范化。

近年来，重庆火锅是麻辣火锅的发源地，已成为重庆的一个享誉全国甚至世界的名牌，重庆市政府和重庆市专业标准化技术委员会为了保障消费者利益、规范行业发展秩序，主导并联合第三方机构制定了许多地方标准，如《食品安全地方标准 火锅底料》（DBS 50/022—2021）、《食品安全地方标准 麻辣调料》(DBS 50/ 021—2021) 等。

（3）提高检测能力

加大对食品添加剂检测技术研究投入，提高检测能力。

识别食品非法添加的重要手段是检验,很多食品安全事件由于缺乏检验技术而成为监管"盲"区,要加大检测技术的投入,开发出多残留、非定向的检测技术,实现具备检得了、检测准的能力。

(4) 严格遵守法律法规

生产企业要遵守《中华人民共和国食品安全法》《中华人民共和国食品安全法实施条例》《国务院关于加强食品等产品安全监督管理的特别规定》等相关法律法规规定,落实企业是食品安全第一责任人,严守食品安全底线,保障公众身体健康和生命安全。

6.3.2 火锅底料中加入回收油案例及分析

6.3.2.1 案例概述

2022年9月,成都市公安机关在夏季治安打击整治"百日行动"中,根据群众举报线索,成功侦破成都市金牛区某火锅店生产、销售有毒有害食品(火锅老油)案,抓获犯罪嫌疑人15人,现场查获利用废弃油脂熬制的火锅底料100余公斤及若干废弃食用油脂,用于回收废弃油脂的作案工具若干,涉案金额超过300万元。

据悉,2021年以来,该火锅店老板彭某夫妇,为节约原材料,降低经营成本,在明知国家明令禁止利用废弃油脂生产食用油的情况下,组织火锅店的员工回收顾客食用后的火锅锅底,经过沉淀、过滤、打捞、炼制等工序,进行收集、提炼餐桌回收的废弃食用油脂,将回收的废弃食用油脂用于该火锅店的锅底制作、菜品炒制,并最终销售给食客食用并从中牟利。在此期间,火锅店老板夫妇分别教授员工如何回收、制作、使用废弃油脂,以及如何应对相关部门的检查,确保店内员工均能独立开展相关工作和应对相关部门的检查。成都市公安局金牛分局已依法对彭某等15名犯罪嫌疑人采取了刑事强制措施。

2012年,最高人民检察院、最高人民法院、公安部曾联合发布《关于依法严惩"地沟油"犯罪活动的通知》,特别强调严厉打击利用餐厨垃圾、废弃油脂等非食品原料,生产加工食用油或明知是利用地沟油生产的油脂作为食用油销售的行为。

6.3.2.2 火锅中加入回收油的致病性及其危害

老油就是将火锅回收油再次利用,在客人把火锅吃完后,再将火锅里面的油重新收集起来,经过简单处理,有些甚至没有处理就又拿来使用。老油由于反复烹煮,红油多,色泽亮,烫出的菜品味道浓厚,形成了以重油火锅为主的地方饮食习惯,但受风俗习惯影响,有些消费者几乎不接受老油。火锅的老油问题,实质也是传统饮食文化与现代文明消费如何融合的问题、现代食品安全规范和传统饮食文化的矛盾,这也是火锅老油屡禁不止的原因。

然而,老油经反复炼制,油脂会发生酸败、氧化和分解,产生醛、酮、内酯等有刺激性气味的物质,消费者食用后会出现消化不良、腹泻、头痛、头晕、乏力以及肝区不适等情况。另外,老油贮存过程中会发生霉变,产生致癌物质(如黄曲霉毒素、苯并芘等),增加患上胃癌、肝癌、肠癌、乳腺癌风险,长期食用这些有害物质,会对健康构成威胁。

6.3.2.3 火锅中加入回收油的预防措施

2011年12月,卫生部向社会广泛公开征集"地沟油"检测方法,共收到315项"地沟油"检测方法。卫生部组建了包括油脂加工、食品安全、卫生检验、化学分析等领域权威专家和相关机构在内的检验方法论证专家组,通过盲样测试等方式对征集到的方法进行科学论证,初步确定4个仪器法和3个可现场使用的快速法。4个仪器法包括3个质谱法和1个核磁共振法;3个可现场使用的快速法包括1个试剂盒法和2个紫外光谱法。然而,目前依然没有一个确切的、行之有效的地沟油检测标准。

卫生部指出,打击"地沟油"违法犯罪行为应以源头管理和现场监督检查为主,检验手段为辅,并注意充分发挥社会监督和群众投诉举报的作用。

6.3.3 火锅底料中非法添加罂粟壳案例及分析

6.3.3.1 案例概述

2004年9月中旬,兰州警方破获一起特大贩卖罂粟壳案。两名犯罪嫌疑人筹资30多万,打着"某国营药材单位"的旗号,从榆中购进11t罂粟壳。他们租用两辆邮政货运车,将罂粟壳运到重庆、成都等地,分销给当地的火锅店。2008年12月,四川乐山市疾控中心针对市区的401户餐饮经营户,就"底料是否添加罂粟壳"开展了一次专项监测。结果显示,12家店铺的汤料罂粟碱不合格,呈阳性。

6.3.3.2 罂粟壳的致病性及其危害

火锅底料中罂粟壳的生物碱虽然含量较少,但对于普通人来说,长期食用容易成瘾,导致身体虚弱,常常冒虚汗,身体疲倦无力,打不起精神,常常打盹儿想睡觉,还会对人体神经系统造成损害,并可能造成慢性中毒。

6.3.3.3 避免火锅中加入罂粟壳的预防措施

(1) 强检测,技术支撑专业化

一要加快非法添加物质检验方法的开发。在公布的6批非法添加名单中,仍然有部分非法添加物无检测方法,从而无法对食品进行全面的安全性评价,因此,研发新的快速、简便、准确的非法添加物质检验方法迫在眉睫。二要加快建立快速筛查方法,突破现有的目标定向检测的局限性。加强对未知物质的筛查,研究和建立定性检验方法。既要鼓励各个单位、各方面加紧研制,也要采取其他措施,如借鉴国际标准,来完善我们的添加剂产品标准,使这些问题逐步得到解决。

(2) 强能力,形成打击非法添加的高压态势

要发挥食品安全网格员的作用,为查处非法添加行为提供线索。加大对火锅底料重点经营企业、重点区域的样品抽检力度,严厉打击非法添加、非法生产等各类违法犯罪行为。必要时形成联动的工作机制,实现食品安全刑事案件速移速侦、快速处理。

通过组织培训,宣传国家食品安全法律法规,通过承诺、约谈等方式强化其安全责任意识和诚信自律意识,树立企业的第一责任人意识和食品安全底线意识,形成遵纪守法的良好氛围。

6.3.4 案例启示

火锅餐饮需求的旺盛,带动了火锅底料的生产以及上游一大批农副产品的供应需求。火

锅底料产业发展的同时，也伴随着向火锅底料中加入回收油、罂粟壳、石蜡等违法现象的出现，这不仅损害了消费者合法权益，也会对整个火锅产业造成不良影响。为了保证火锅底料的食品安全，生产企业应认真执行各项标准的规定，同时，监管部门应大力宣传在食品中非法添加可能对人体健康造成的危害。

思考题

1. 火锅底料中非法添加罂粟壳的目的是什么？对人体有哪些危害？
2. 石蜡火锅对火锅产业的影响有哪些？预防石蜡火锅有哪些措施？
3. 火锅老油为什么屡禁不止？
4. 火锅老油有哪些危害？
5. 谈谈你对我国假冒伪劣产品发生原因的看法。

参考文献

[消费主张]3·15追踪——五常"香"米 如此"调和"[EB/OL]中国网络电视台.（2010-07-12）[2022-09-26].http://jingji.cntv.cn/20100712/103713_print.shtml.

央视网，2019.[新闻直播间]浙江台州 警方破获跨省制售假冒知名红酒案[EB/OL].（2019-12-07）[2022-09-26].http://tv.cctv.com/2019/12/07/VIDE0bsxpUegmHWoeW5ERDCc191207.shtml.

央视网，2019.[正点财经]两分钟造一瓶 广东警方破获假洋酒大案[EB/OL].（2019-10-31）[2022-09-26].https://tv.cctv.com/2019/10/31/VIDEsNQ1VrpCj5BAN0BoGaFW191031.shtml.

曹琳，秦利霞，康诗钊，等，2017.香精香料的常见检测方法综述[J].广州化工，45(21):17-20.

陈杨，黄小兰，2020.乐山一火锅店销售地沟油底料经营业主获刑7年[EB/OL].（2020-04-24）[2021-06-21].http://www.dyzxw.org/html/article/202004/24/224554.shtml.

成都公安，2022.成都公安破获生产、销售有毒有害食品（火锅老油）案,涉案金额超300万元.[EB/OL].（2022-09-28）[2022-12-07].http://cdgaj.chengdu.gov.cn/cdsgaj/gayw/2022-09/28/content_4f64d0028a0a4189b386ea89502e862e.shtml.

城市晚报，2013.火锅底料添加罂粟壳，危害食品安全被判刑[EB/OL].（2013-03-15）[2021-06-21].http://news.sohu.com/20130315/n368882808.shtml.

俄罗斯卫星通讯社，2019.我国科学家在葡萄中发现抗抑郁物质[J].食品工业,40(10):217.

范宁伟，秦慧芳，王颖，等，2021.地沟油的色谱鉴别技术[J].当代化工研究(22):165-167.

高峰.2011.使人上瘾的火锅底料有何玄机?[J].中国食品(7):72.

高琴，宗凯，杨捷琳，等.2016.食品及调味品中罂粟成分的实时荧光PCR检测方法[J].中国调味品，41(12):113-117.

耿黎明,2018.国产葡萄酒寻求逆袭之路[J].中国品牌(2):58-59.

黄博，孙大爱，陈丽娟，等.2020.白酒中甲醇含量的测定方法探析及对比[J].食品安全导刊(3):98-100.

黄海华，2020.葡萄酒中白藜芦醇含量的测定研究[J].落叶果树,52(4):20-22.

中国新闻网，2012.假酒致死事件频发 低仿酒危害堪比毒药[EB/OL].（2012-01-11）[2022-09-26].https://www.chinanews.com.cn/cj/2012/01-11/3597226.shtml.

李丹，2015.成都红顶天火锅店违规用老油被罚20万吊销许可证[EB/OL].（2015-06-16）[2021-06-21].http://scnews.newssc.org/system/20150616/000573356.html.

李进义，闵国平,方云波,等.2019.气相色谱—质谱测定黄酒中的敌敌畏[J].中国卫生检验杂志,29(16):1935-1937.

李丽丽，贺娅琳，黄云，2004.重庆火锅底料危机处理分析[J].公关世界(7):14-16.

林琳，2018.假冒葡萄酒难以浑水摸鱼[J].食品界(11):36-37.

刘国信,吴鲜萍，2010.大米中添加香精香料者叫停[N].中国食品报,2010-07-19(008).

陆仲寅，刘芳，宗群，等.2015.长程紫外分光光度法快速鉴别地沟油、煎炸油、火锅红油[J].中国食品卫生杂志,27(2):136-139.

吕志清,昝丽萍,陈廷柱,等,1998.一起甲醇中毒事件的调查与反思[J].中国卫生法制,6(3):3.

潘京,2015.汉中一酒商为压苦提香加"敌敌畏"酿酒[EB/OL].（2015-09-08）[2021-06-21].http://news.hsw.cn/system/2015/0908/301356.shtml.

凤凰新闻网,2019.盘点｜2019年全球十大葡萄酒制假售假案［EB/OL］.（2019-12-06）[2022-09-26].https://ishare.ifeng.com/c/s/7sBAW1kyQDf

中国新闻网,2019.四川警方破获一起有毒有害食品案：130吨火锅老油流向餐桌［EB/OL］.（2019-01-22）[2022-09-26].https://www.chinanews.com.cn/sh/2019/01-22/8735914.shtml.

汪飞,2021.食用香精香料的制备及其安全控制[J].食品安全导刊(18)：2.

王薇,张扬,2021.食用香精香料的功能特性及在食品工业中的运用探究[J].食品安全导刊(24):160-161.

王亚琴,祝红昆,李军明,等,2013.火锅底料中石蜡检测的样品前处理研究[J].现代仪器与医疗,19(1):73-75.

王子杨,2019.新京报不完全统计：近6年白酒365批次检出甜蜜素[EB/OL].（2019-12-22）.[2021-06-21].https://www.bjnews.com.cn/feature/2019/12/22/665020.html.

韦雪飞,周键超,羊超菠,等,2021.农家自酿水果蒸馏酒常温储存前后甲醇含量比较[J].现代食品(19):163-165.

魏薇,彭俏,田璐,等,2021.地沟油的常规鉴别技术[J].科技创新与应用,11(34):110-113.

吴倩,徐建国,2021.基于辣椒碱标志物的试纸条快速检测地沟油[J].合肥工业大学学报(自然科学版),44(7):982-986.

吴玉銮,陈意光,罗东辉,等,2014.氧化除杂-气相色谱/质谱联用测定食品中的石蜡[J].现代食品科技,30(1):165-169.

徐晶晶,2016.地沟油的有害成分及研究进展[J].广州化工,44(12):38-40.

严峻,李仁伟,瞿进,等,2011.大米香精产品组分的初步研究[J].食品与发酵科技,47(5):72-74.

人民日报,1998.严重危害人民群众的生命及健康 山西有毒假酒案6名主犯被判死刑［N/OL］.（1998-03-10）[2022-09-26].http://www.people.com.cn/9803/10/current/newfiles/d1090.html.

杨春萍,刘昌贵,周红,等,2017.酒中毒原因分析[J].食品安全质量检测学报.8(6):2118-2122.

杨柳,李玉邯,陈宇飞,等,2016.地沟油检测指标研究进展[J].食品研究与开发,37(5):183-188.

佚名,2010.中华人民共和国卫生部拟规定大米等不得添加香精,食盐碘含量的上限减半[J].黑龙江粮食（4）:48.

佚名,2012.质检总局通报酒鬼酒检出塑化剂"超标"247％[J].中国防伪报道(12):36.

张昊,2010."香精造香米"牵出大米安全隐忧[N].健康报,2010-07-15(2).

张慧,郭洋洋,郑基焕,等,2016.核磁共振法检测地沟油的研究进展[J].粮食与油脂,29(2):12-14.

张萍,倪引妹,谷东陈,2018.液相色谱检测葡萄酒中白藜芦醇的含量[J].食品工业,39(2):314-316.

张倩颖,祁杰,毕起源,等,2021.地沟油检测技术研究进展[J].天津农学院学报,28(3):86-89.

张婷,2016.调味料中罂粟壳的主要生物碱LC-MS检验[J].中国刑警学院学报(1):74-76.

张香,秦丹,曾璐,等,2020.发酵型果酒中甲醇和杂醇油的研究进展[J].中国酿造,39(8):17-21.

陕西法院网,2015.镇巴法院."苞谷酒"中添"敌敌畏"酿酒商获刑六个月［EB/OL］（2015-09-06）[2022-09-26].https://sxfy.chinacourt.gov.cn/article/detail/2015/09/id/2308542.shtml.

中国质量新闻网,2010.中国质检网评出2010年十大质检新闻［EB/OL］.（2010-12-31）[2022-09-26].https://www.cqn.com.cn/cj/content/2010-12-31/content_1138620.htm.

朱飞如,冯俊富,2020.北海市市售酒中甲醇含量分析[J].食品安全导刊(3):126.

第 7 章

食品接触材料引发的食品安全案例

学习目标

1. 了解由食品接触材料引发的典型食品安全案例。
2. 学习食品接触材料对食品安全性的影响。

学习重点

1. 食品接触材料的安全性。
2. 不合格食品接触材料的危害及如何避免。

本章导引

引导学生带着对国家、行业及对人民的行业使命,学习先进的食品安全检测技术和手段。引导学生要敢为人先,为食品强国、质量强国、科技强国的建设不断奋斗、砥砺前行。

7.1 纸类

7.1.1 案例概述

为了解我国纸制品包装的质量情况以及纸制品生产企业对国家标准和行业标准的执行情况,2012 年 5~8 月份,某调查小组对北京地区、华东地区(上海、浙江)、华南地区(广东)的方便面桶、奶茶杯、一次性纸杯和纸碗等制品进行了调查。

调查结果显示,在被调查的 55 个样品中,有 36 个双层纸质样品的外层荧光性物质不符合《食品安全国家标准 食品接触用纸和纸板材料及制品》(GB 4806.8—2016)中规定的"在波长 254nm 和 365nm 检测条件下,荧光物质为阴性"要求,样品种类包括方便面桶、咖啡杯、奶茶杯、纸杯等。外层用纸很可能是由非食品级用纸或废纸制作的,进而导致荧光性物质超标,并最终导致有害物质通过口、皮肤等途径进入人体,或渗入食品中,长期积累对人体健康造成影响。

在被调查的 25 个纸杯样品中,有 11 个样品的杯身挺度不合格。主要原因是企业为了降低成本,用废纸或太湿、太薄的纸生产,导致杯子太软,使用不方便,易渗漏和变形,容易烫伤使用者，甚至导致有毒有害成分进入水中，对人体产生危害。

调查小组还发现，纸杯、纸碗、纸餐盒等产品的合格证小标签荧光物质含量极高，在波长为365nm和254nm紫外灯照射下均呈现非常亮的蓝色荧光。纸杯、纸餐盒等纸制品的标签一般放在纸杯内部与纸杯内壁直接接触，合格证上的荧光性物质很可能通过纸杯内壁与盛装的食物或饮料进入人体，对人体产生危害。

广东省市场监督管理局于2019年7~10月份组织对包括食品用纸包装容器在内的19类相关产品开展省级"双随机"监督抽查。其中，抽查了100批次食品用纸包装容器等制品。对感官、浸泡液、总迁移量、重金属（以铅计）、高锰酸钾消耗量、荧光性物质（波长254nm和365nm）、铅、砷、甲醛、杯身挺度、跌落性能、耐温性能、渗漏性能、容量及容量偏差、霉菌、沙门菌等项目进行检验，其中11批次不合格，不合格项目为荧光性物质（波长254nm和365nm）、耐温性能、容量及容量偏差。

荧光增白剂是一类能提高纤维织物、纸张等亮度和白度的有机化合物，食品包装、生活用纸等产品中过量添加荧光增白剂，可能会通过迁移在人体内蓄积，导致人体免疫力降低，进而危害人体健康。

7.1.2 纸类食品接触材料中有害物质来源及危害

根据食品用纸包装类产品的原料及生产工艺流程，分析其污染来源主要有以下几类：

（1）原料

制备食品用纸包装及容器的原料主要为木质纤维、非木质纤维和非植物纤维。由于植物源原料作物在种植过程中使用农药等，可能存在有害物质。有的原料掺有一定比例的回收废纸或再生纸材料，可能含有致病菌、霉菌等微生物或铅、镉、苯及联苯的多氯取代物等有害物质。因此，造纸原料中可能存在杀虫剂、农药残留及再生纤维带来的污染，这些残留污染物直接与食品接触，通过吸收、溶解、扩散等过程迁移到食品中，从而影响食品的安全性，继而危害人体健康。

（2）造纸助剂

为提高纸浆强度、改善纸张性状、降低原料消耗及改良操作条件等，在制浆造纸过程中常采用一些化学物质作为助剂，如制浆原料的制浆助剂、造纸助剂、树脂障碍控制剂、施胶剂、保湿剂、荧光增白剂、涂布加工助剂、油墨、印刷剂、塑化剂和溶剂等。以上加工助剂可能残留的邻苯二甲酸酯类、有机氯化物（五氯苯酚、多氯联苯等）、印刷油墨中的一些有机挥发物（包括烷类、烯类、芳烃类、卤烃类、醛类、酯类及酮类等）以及残留的光引发剂（二苯甲酮系列物质），在贮存、运输和食用过程中向食品中迁移，对食品安全造成影响，危害人体健康。

（3）黏合剂

纸类包装产品覆膜时一般使用黏合剂。黏合剂大致分为溶剂型及无溶剂聚氨酯类黏合剂、丙烯酸酯类黏合剂、聚乙酸乙烯乳液胶、乙酸乙烯-乙烯乳液、乙烯-乙酸乙烯共聚物类热熔胶及苯乙烯嵌段聚合物类热熔胶等，其中以乙烯-乙酸乙烯共聚物为主体树脂的热融型黏合剂及芳香族聚氨酯黏合剂应用最广泛。黏合剂中的主要风险物质包括初级芳香胺、残留单体、易迁移的低聚物、重金属、甲醛及苯类溶剂残留等，这些物质可能迁移到食品中，造成安全风险。

(4) 颜料、油墨和有机溶剂

包装印刷油墨主要包括树脂型连接料油墨和溶剂型连接料油墨。颜料、树脂、助剂和溶剂是生产油墨的主要物质，可能对产品包装的安全性产生间接危害；特别是采用染料作为颜料的替代物，染料从包装向食品的迁移将对食品的安全性造成危害；油墨本身和有机溶剂中均存在一定量的重金属（铅、镉）、苯及苯的取代物、乙酸酯类、异丙醇和正丙醇等致癌物质，溶剂型印刷油墨的溶剂中常常含有苯及苯的取代物、乙酸乙酯、异丙醇等有害物质，这些有害物质会在油墨的印刷过程中挥发，若控制不好，会导致油墨残留物质在纸质包装和使用过程中继续散发而带来食品安全问题；为提高油墨在纸质基材表面的附着力而添加一些如硅氧烷类物质作为偶联剂，但由于其溶剂中往往含有甲醇等有害物质，也将会对食品包装的安全性造成一定的不良影响。

(5) 其他有害物质

① 重金属　食品接触纸质包装在生产过程中会使用各种助剂、印刷用颜料、油墨等，存在重金属残留和迁移的风险。在使用过程中铅、镉、砷、汞等重金属会迁移到食物中，对人体存在一定的安全隐患，该类有害物质无法通过代谢排出，长期接触会在人体内蓄积，导致慢性中毒。

② 荧光增白剂　为了达到增白效果，通常会在原纸中添加荧光增白剂。荧光增白剂是一种荧光染料，能显著提高纸张的白度，价格低，在造纸行业中被广泛应用。接触过量的荧光剂，可能会使毒性蓄积在肝或其他脏器中，导致细胞发生变异，从而带来潜在的致癌风险。

7.1.3　纸类食品接触材料中有害物质预防控制措施

(1) 原辅料来源控制

纸包装制品是以纸浆及纸板为主要原料的包装制品，其制造过程中所使用的施胶剂、染色剂、防腐剂、消泡剂、助滤剂及石蜡等制备原纸的原辅料应符合国家法律法规要求，无毒无害、清洁无污染，不得使用含汞、卤族元素、磷等元素的防腐剂，不允许添加荧光增白剂，不允许使用再生材料、废旧报纸、书籍等回收或回用废纸原料。

(2) 化学添加剂控制

在食品纸质包装生产过程中，必须按《食品安全国家标准　食品接触材料及制品用添加剂使用标准》(GB 9685—2016) 严格控制化学物质添加量和选用品种，并建立生产工艺监控参数条件及制度。生产中使用的添加剂、助剂、油墨、黏合剂的基本信息和风险物质的控制措施要清晰，品种和添加量均应建立明确的控制方案，其控制信息能明确对产品安全性进行判断。对于油墨安全规范中尚未做出规定的物质或是在生产、贮存过程中降解、变质的物质也可能对人身健康造成危害，应该加强相关基础研究，进行必要的风险评估，在法规标准上完善现有体系，出台针对各种条件下食品包装油墨的迁移法规，进一步规范国内市场油墨安全采购指南。

(3) 重金属元素控制

纸质包装制造过程中添加的各种造纸助剂、印刷用油墨等都易使纸质材料受到重金属物质（铅、镉等）的污染，应严格控制采购和生产工艺中劣质油墨、涂料的使用，并严格执行《食品安全国家标准　食品接触材料及制品用添加剂使用标准》(GB 9685—2016) 目录中的品种和控制配方量。

(4) 生产过程控制

生产过程质量控制是减少包装产品污染不可漏缺的管理环节。应对生产设备进行定期的检修及维护，建立规范化、标准化的生产方式和管理机制，确保生产机器时刻保持洁净、稳定的工作状态，避免食品包装产品在印刷和印后加工的过程中发生污染。印刷时要对喷墨用量进行严格控制，并选用快干、易固着和耐磨的油墨进行印刷。做好生产现场的卫生及防虫害控制，加工车间配备必要的消毒杀菌设施。

(5) 完善安全标准

完善食品包装材料的安全标准需建立以风险评估为基础的科学性标准制定程序，加强食品标准的风险评估基础研究。目前，我国整体风险评估工作基础薄弱，尚未建立完善的监测体系和暴露量评估体系，以风险评估为基础的标准制定工作未得到很好的落实。应加快全国范围内的风险评估体系建设，建立以风险评估结果为依据的标准制定程序。

7.1.4 案例启示

纸质包装材料在原材料生产、加工过程中，可能会添加固化剂、杀菌剂、抗氧化剂、荧光增白剂、消泡剂和防油剂等化学物质，造成有害化学物的残留，当包装材料与食品接触时，不但影响食品的风味价值和营养，有毒有害物质还有可能迁移到食品中，造成食品污染，危害人类健康。

思考题

1. 简述纸及其制品的安全性问题。
2. 如何防控纸类包装材料的安全问题？

7.2 塑料类

7.2.1 案例概述

2005年10月13日，据上海《第一财经日报》报道，由于在本国遭禁，日本和韩国的聚氯乙烯（polyvinyl chloride，PVC）食品保鲜膜大举进入中国，此后PVC保鲜膜被媒体广泛关注，也成为公众关注的焦点。国家质量监督检验检疫总局于2005年10月25日召开新闻发布会，通报了对进口和国产食品保鲜膜的专项检查结果，结果显示一些主要用于外包装的PVC保鲜膜含有不被国家相关标准允许使用的己二酸二辛酯增塑剂（dioctyl adipate，DEHA）。国家质量监督检验检疫总局明确了以下要求：禁止含有DEHA等不符合强制性国家标准规定的，或氯乙烯单体含量超标的PVC食品保鲜膜进口、出口；禁止企业在生产PVC食品保鲜膜时使用DEHA；禁止企业经销含有DEHA或氯乙烯单体含量超标的PVC食品保鲜膜；禁止用PVC保鲜膜直接包装肉食、熟食及油脂食品。

2007年5月14日，国家质量监督检验检疫总局公布的一项抽检结果显示，在9个省份

100家企业抽检的100种食品包装用塑料复合膜（袋）中，小型生产企业产品抽样合格率为61%，大型生产企业产品抽样合格率也仅为90%，抽查发现的主要问题是产品溶剂残留总量和苯系溶剂残留量不合格，苯残留超标主要来自包装袋上的油墨印刷，部分厂家使用低质的油墨印刷包装袋，导致油墨中残存的苯系物质污染食品。

7.2.2 塑料类食品接触材料中有害物质来源及危害

塑料是一种高分子聚合材料，聚合物本身不能与染料结合。为便于稀释和促进干燥，需要在油墨中添加甲苯、二甲苯、丁酮、乙酸乙酯、异丙醇等混合溶剂，如果在印刷过程中苯类溶剂挥发不完全，就有可能造成苯类物质在包装材料中残留。苯和甲苯、二甲苯等苯系物都是有毒物质，此类溶剂如果渗入皮肤或血管，会随血液危及人的血细胞及造血功能，损害人体神经系统，甚至导致白血病发生。残留在包装内的苯类溶剂，易被包装内的食品吸附，导致食品污染。由于苯具有蓄积性，人体一旦摄入就很难排出，积累到一定量，便会增加人体致癌的可能性。

食品用塑料包装在生产过程中可能会存在残留溶剂、游离单体、降解产物等，而塑料中添加的增塑剂、着色剂、稳定剂、抗氧化剂等助剂在一定条件下也可能迁移到食品中。

(1) 原材料

用于食品包装用的塑料原材料主要有聚乙烯（polyethylene, PE）、聚丙烯（polypropylene, PP）、聚对苯二甲酸乙二醇酯（polyethylene terephthalate, PET）、聚氯乙烯、聚偏氯乙烯［poly（vinylidene chloride），PVDC］、聚碳酸酯（polycarbonate, PC）、聚苯乙烯（polystyrene, PS）、聚酰胺（polyamide, PA）及聚乙烯醇（polyvinyl alcohol, PVA）等树脂。纯树脂由于分子量大，本身是无味、无毒、无臭的，但其单体或者低聚物大多有毒，多为致癌物，容易通过包装材料向食品迁移而造成食品安全问题。例如，PVC和PVDC单体能使基因发生突变，苯乙烯单体会破坏人体细胞，丙烯腈单体能使人致癌；塑料包装材料在使用中会出现老化和裂解，塑料的老化和裂解会释放有害物质，对食品也会产生污染而影响消费者的健康；为降低成本，有些生产商在塑料材料的加工制备中，用回收料和废弃塑料作为原材料，废弃塑料中含有残留的添加剂，在二次加工时还会产生低分子聚合物和单体，对包装的食品造成污染。

(2) 增塑剂

增塑剂通常是有机低分子物质，也叫塑化剂，其作用是改善树脂的加工性能和流动性，提高包装材料的柔韧性。常用的增塑剂有DEHP、DBP、邻苯二甲酸丁基苄酯（butyl benzyl phthalate, BBP）、邻苯二甲酸二乙基酯（diethyl phthalate, DEP）、邻苯二甲酸二异壬酯（diisononyl phthalate, DINP）、邻苯二甲酸二异癸酯（diisodecyl phthalate, DIDP）及邻苯二甲酸二正辛酯（di-n-octyl o-phthalate, DNOP）等。大量研究证实，邻苯类增塑剂的残留物质将严重影响人体生殖、免疫及神经系统，使生物体内激素分泌失调，导致细胞突变致畸和致癌等危害。DEHA增塑剂在塑料食品包装中应用比较广泛，特别是PVC的加工。含DEHA增塑剂制备的材料在包装油脂类食品或者在食品加热时，DEHA会析出随食品进入人体，对人体健康造成危害。

(3) 抗氧化剂

抗氧化剂的作用是防止塑料包装材料氧化降解，延长其使用期限，主要有取代酚类、芳香族胺类、亚磷酸酯类和含硫酯类等。塑料包装中会残留抗氧化剂单体及其裂解物,在一定条件下这些物质会通过高分子孔隙进入食品中,过量使用抗氧化剂会降低生物体内呼吸酶的活性,提高呼吸道疾病的发病率,长期摄入会对生物体神经系统和免疫系统造成影响。

(4) 稳定剂

稳定剂的作用是防止塑料包装材料分解、老化及降解。从功能上分,稳定剂包括热稳定剂(铅盐、有机锡等)、光稳定剂(有机镍螯合物、受阻胺等)及紫外线稳定剂(邻羟基二苯甲酮类、苯并三唑类等)。从原料上分,目前常用的稳定剂主要包括铅盐、有机锡、有机锑、有机稀土、纯有机化合物等。铅是重金属元素,人体摄入铅会造成神经、免疫、消化等系统的损害,尤其是婴幼儿摄入铅盐后,会引起血铅中毒。严重者会引起造血系统损害和肾衰竭。

(5) 填充剂

填充剂的作用主要是用于聚烯烃防粘连,提高食品塑料包装材料的稳定性、坚固性、耐热性等。主要有白炭黑、陶土、碳酸钙、滑石粉、石棉、硫酸钙和天然硅等。塑料包装材料中的填充剂会随着食品温度的升高溶解在食品中,人体长期摄入这些有害物质会导致消化不良和肝系统病变,严重者会患胆结石等。

(6) 着色剂

着色剂是使物品呈现五彩缤纷的颜色而在加工过程加入的一种助剂,主要分颜料和染料两种。颜料按结构可分为无机颜料和有机颜料。无机颜料属于无机化合物,一般都含有重金属成分;有机颜料属于有机化合物,一般由偶氮类、杂环类和苯胺衍生物组成。染料属于有机化合物,其密度小、分子结构小、着色力高。着色剂在塑料包装材料加工过程中会释放一些致癌和致病变的物质,易发生迁移而影响食品安全,对食用者的健康造成危害。

(7) 重金属

为使食品塑料包装获得特定的物理化学性质,生产过程中会加入一些重金属元素,如铅、镉、锑、锡等。此外,塑料制品中的印刷油墨、着色剂等也可能残留一定量重金属。这些残留物质悬浮在塑料基质中,一定条件下会迁移至食品中,而大多数重金属元素可能对人体健康造成一定影响。

(8) 其他助剂

除了上述几种常见的加工助剂外,依包装食品的要求不同还添加不同的助剂。例如,为降低包装材料的燃烧性而加入含溴的联苯、联苯醚、酚及其衍生物或环烷烃为主的阻燃剂;为防止塑料包装材料易开口和使制品表面光滑而添加的硬脂酸钙润滑剂等;为降低塑料包装材料的密度、减轻产品重量等而加入的以偶氮化合物、N-亚硝基化合物、酰肼类化合物为主的发泡剂等;为改善塑料包装材料的亲水或者疏水性、增加材料的分散能力而加入的表面活性剂。这些加工助剂的添加,都有可能对人体健康产生危害。

7.2.3 塑料类食品接触材料中有害物质预防控制措施

(1) 明确政府职责,发挥监管作用

国家卫生健康委员会和国家市场监督管理总局应加强塑料食品包装材料卫生及安全监管。明确塑料食品包装材料生产企业按照统一的法律法规进行生产、销售和使用;加大对不法企业的违法违规行为处罚力度;加强对各种印刷油墨等基础性资源的许可认证管理,从源头上控制有毒有害包装材料流入到市场；制定塑料食品包装材料卫生管理的政府规章制度，完善塑料食品包装材料卫生管理办法，明确各类塑料食品包装材料的生产、经营、使用和监管环节的相关要求。

(2) 完善相关标准，强化检验体系

国家相关部门应制定塑料食品包装材料卫生标准框架体系，进一步完善塑料食品包装材料卫生标准，定期修订塑料食品包装材料卫生标准。明令禁止一些会危害人体健康的加工助剂、有毒有害添加物等的加入，对一些目前还未明确但可能会危害人体健康的添加物要限量使用；强化产品质量检验方法和技术，开发新型的检验技术和检验设备，严格按照《中华人民共和国食品安全法》要求，对不同种类的食品、不同的食品包装材料做出更加具有针对性的检验要求。建立权威的技术评价机构，科学、高效地评价各类食品塑料包装材料和添加物质的安全性。

(3) 强化企业管理，加强企业诚信建设和行业自律

相关政府部门要通过开展诚信和法制教育提高企业的自律意识，自觉将食品安全主体责任落到实处，不断提升企业质量管理水平。强化产品生产经营者是食品安全第一责任人的意识，要确保生产经营的产品符合国家安全标准，并承担相应的法律责任。企业应建立健全各项食品安全管理制度，严格执行原料的查验、索证索票和全程追溯制度；提高自身的检验能力，落实食品检验合格出厂制度和不合格食品召回制度；推行 HACCP 管理体系建设，通过利用科学的风险评估措施和风险管理措施来预防食品安全事故；严把原料进货、生产加工、出厂检验关键环节，全面提升产品生产质量水平，为人民提供安全食品和安全塑料包装材料。

食品安全仅仅靠监管解决不了根本问题，更多的要靠食品生产企业的自律，让更多的消费者参与到食品安全的监管中去，通过各方的努力形成社会共治的良好格局。

(4) 应用技术手段，提高安全性能

使用卫生安全性较高的塑料包装原材料，禁止使用回收料和废弃塑料作为原材料；研究开发安全无毒的加工助剂，创新和研发新加工技术，在保证塑料食品包装材料无毒、卫生、环保的前提下，提升塑料食品包装材料的各项性能；加强对产品的监督检验，着重对增塑剂和抗氧剂等加工助剂、残留溶剂及单体、重金属以及包装材料和内容物的相容性等进行检测，确保食品安全卫生。

7.2.4 案例启示

随着科学技术的发展，塑料食品包装材质类型越来越多，出现了更多影响食品安全的因素，对人体健康会造成威胁，因此要加强重视。加强对塑料食品包装的分析，找到影响安全性的因素，采取有效措施，促进食品行业的健康发展，让人们吃上放心的食品。食品塑料包装材料中可能存在增白剂、阻光剂、增塑剂、光亮剂、胶黏剂、重金属和色素等对人们健康有害的化学改性添加剂等，这些食品塑料包装材料与食品接触会发生物质迁移，会对食品造成一定的安全风险。

> 思考题

1. 影响塑料类包装材料安全的因素有哪些？

2. 简述解决塑料类包装材料安全问题的防控措施。

7.3 橡胶类

7.3.1 案例概述

2021年3月14日，据欧盟食品和饲料快速预警系统（Rapid Alert System for Food and Feed，RASFF）消息，芬兰通报我国出口的婴儿硅胶杯不合格，需要召回。不合格原因为挥发性有机成分的迁移量超标（1.1%），超过欧盟食品接触产品法规1935/2004/CE对橡胶中挥发性有机物0.5%的限量要求，因存在化学安全风险遭退货。

2017年，浙江省质量技术监督局对产自浙江的硅橡胶奶嘴产品进行了买样检测，在不同企业生产的9个批次产品中，1个批次不合格，不合格率为11.1%。不合格项目主要集中在挥发性物质项目。

根据RASFF公布的数据，挥发性有机物正成为食品接触器具遭受通报的重要原因之一。例如，2021年2月1日，芬兰通过RASFF通报，土耳其出口的儿童餐具出现挥发性有机物的迁移量超标（0.83%）。

7.3.2 橡胶类食品接触材料中有害物质来源及危害

食品接触材料生产时加入的溶剂、助剂、添加剂及其分解产物中，包含许多具挥发性、强烈气味的有机物，可造成挥发性有机物超标。食品接触材料硅橡胶等高分子材质存在挥发性有机物，主要来源于以下几个方面：

① 聚合物中的低聚体残留，如聚烯烃中含有许多长链烷烃。
② 聚合过程中单体残留，如氯乙烯单体、苯乙烯单体。
③ 聚合物的降解产物，如热降解中产生的挥发性有机物。
④ 添加剂降解产物，如用于聚合过程的过氧化物降解产生的痕量苯或甲苯，或亚磷酸盐稳定剂水解产生的2,4-二丁基酚。
⑤ 催化剂残留，如聚碳酸酯中的吡啶。
⑥ 单体物质或添加剂中的杂质，如苯乙烯中的乙基苯。
⑦ 印刷油墨溶剂残留，如乙酸乙酯、异丙醇、丁酮、甲苯。

以上这些物质多为小分子，均为生产工艺过程中未能完全除去的或使用过程中降解产生的挥发性有机化合物，当其与食品接触时，它们会通过塑料与食品的接触界面迁移并溶解在食品中。

关于挥发性有机物的定义有多种形式，美国联邦环保署对挥发性有机物定义为除一氧化碳、二氧化碳、碳酸、金属碳化物、金属碳酸盐以及碳酸铵外任何参加大气光化学反应的碳化合物；世界卫生组织将挥发性有机物定义为常温下沸点在50～260℃的各种有机化合物。食品接触材料中挥发性有机物按其化学结构可分为：烷烃类（如三氯甲烷）、芳烃类（如苯、甲苯）、烯类（如三氯乙烯）、酯类（如乙酸乙酯、甲苯二异氰酸酯）、醛类（如甲醛、乙醛）、醇类（如异丙醇）、酮类（如丙酮、丁酮）等。挥发性有机物的分子量较小，挥发性有机物在常温下以气态形式存在于空气中，具有毒性、刺激性、致癌性以及特殊气味，会影响皮肤和黏膜，对人体产生急性损害。常见的挥发性有机物有苯、甲苯、二甲苯、苯乙烯、二氯甲烷、三氯甲烷等，可通过呼吸系统、皮肤渗入等方式进入人体，对人体健康产生危害，甚至会产生致畸、致癌和致突变作用。

苯系物一般指苯及其衍生物的总称，包括全部芳香族化合物，常见的有苯、甲苯、二甲苯、苯乙烯等。苯系物具有特殊芳香气味，常为无色浅黄色透明的液体，极易挥发成为蒸气，是有毒性并且有刺激性的溶剂。苯、甲苯和二甲苯等苯系物常被用作室内装饰材料的各种油漆、涂料、胶黏剂和防水材料的溶剂或稀释剂。其中，苯是一种剧毒的溶剂，对人的神经系统具有麻醉和刺激作用，还能在人体骨髓内蓄积，损害人体的造血组织，长期接触还可能引起白血病。世界卫生组织已经将苯列为强致癌物质。甲苯虽然毒性比苯小，但是刺激性症状却比苯严重，吸入甲苯会出现咽喉刺痛感、发痒和灼烧感等，溅在皮肤上局部可能出现发红、刺痛及疱疹等。如果人在短时间内吸入大量的甲苯，会出现中枢神经麻醉的症状，轻者出现头昏、乏力等症状，严重的还可能出现昏迷甚至引起呼吸衰竭而导致死亡。二甲苯属于低毒类苯系物，有邻位、间位和对位3种异构体，二甲苯可通过呼吸道、皮肤及消化道吸收。吸入高浓度的二甲苯可引起人体的肝、肾损伤，长期接触可引起神经系统功能紊乱，出现头痛、失眠、记忆力减退等神经衰弱症状。

卤代烃是指烃分子中的氢原子被卤素原子取代后生成的化合物，根据卤素的不同可分为氟代烃、氯代烃、溴代烃、碘代烃。其沸点一般随着碳原子数目和卤素原子数目的增加而升高，或者卤素原子序数的增大而升高（氟代烃除外），一般不溶于水，可溶于很多有机溶剂，在工业生产中直接作为溶剂使用。卤素具有较强的毒性，所以卤代烃的毒性一般比其母体烃类的毒性大，一般来说碘代烃毒性最大，溴代烃、氯代烃、氟代烃毒性依次逐渐降低；多卤代烃的毒性比卤素原子数少的卤代烃大。卤代烃可通过皮肤渗透、呼吸系统等方式进入人体，对人的中枢神经系统有麻醉作用，甚至可导致休克、昏迷等。同时，卤代烃对环境带来很大的影响，如氟利昂等卤代烃还会破坏臭氧层，导致臭氧层空洞，从而引起温室效应。

正己烷是常见的烷烃类挥发性物质之一，是一种无色透明液体、低毒类物质，几乎不溶于水，易溶于醚和醇。正己烷作为良好的有机溶剂，被广泛使用在化工、机械设备表面清洗去污等环节。正己烷具有一定的毒性，主要通过呼吸道、消化道、皮肤等途径进入人体。在人体内具有蓄积作用并且对神经系统具有麻醉作用，长期接触可出现头痛、四肢麻木等症状，严重的可能导致意识丧失甚至死亡。

食品接触材料中的挥发性有机物可能使包装的食品变味或被食品吸附，从而降低食品质量，被人体摄入后对人体健康产生负面影响。

7.3.3 橡胶类食品接触材料中有害物质预防控制措施

（1）完善标准体系

以《食品安全国家标准　食品接触材料及制品通用安全要求》（GB 4806.1—2016）为代表的 GB 4806 系列食品安全国家标准是一个从原辅料、生产至终产品进行管理的完整体系，在合规评价时，应综合考虑所有相关标准的要求。标准明确了对原料和添加剂的要求，并强调了材料中添加剂、单体及其他起始物的特定迁移量限量、特定迁移总量限量、最大残留量等指标应符合相关标准的要求。这意味着在进行食品接触材料的合规性验证时，不仅要测试基础的感官和理化指标，还应关注产品中使用的、有限量要求的添加剂以及原料起始物和单体的限量符合性。

(2) 充分了解食品接触材料的原辅料信息

应充分了解食品接触材料的原辅料信息,使用肯定列表中的原辅材料。

《食品安全国家标准 食品接触材料及制品中添加剂的使用标准》(GB 9685—2016)等国家标准对原辅料和添加剂的管理更加清晰明确,在进行合规评估时,应充分了解食品接触材料的原辅料信息。该标准不仅规定了添加剂使用的原则性要求,更采用肯定列表的形式给出了各类材料中允许使用的添加剂清单。凡是给出了肯定列表的原辅料,食品接触材料在生产时只能采用表内的物质,并按其规定使用。

(3) 规范前处理和检测方法

应规范食品接触材料中有害物质的前处理及检测方法。

硅橡胶等食品接触材料中的挥发性有机物的含量一般比较低、易挥发,导致定量分析比较困难。需要通过全程序空白、加标回收、分析质控样品等措施对检测分析过程进行质量保证和质量控制。目前,挥发性有机物常用的前处理技术包括:顶空(head-space,HS)法、顶空固相微萃取(head-space solid-phase microextraction,HS-SPME)法和热脱附(thermal desorption,TD)法等。

挥发性有机物的沸点较低容易汽化,所以应用气相色谱(gas chromatography,GC)作为检测其含量是最佳选择,目前普遍使用的是将 GC 与质谱(mass spectroscopy,MS)联用(GC/MS)进行定性定量的检测。

7.3.4 案例启示

近年来,硅橡胶材料在食品接触制品中的应用面越来越广。硅橡胶材料中的挥发性有机物超标事件也频频发生。需要生产厂家在生产过程中正确使用原材料及添加剂,选择合适的配方及工艺,防止挥发性有机物超标,保证消费者安全。广大消费者应熟悉其可能会对食品造成的安全风险,提高自我保护意识和自身食品安全知识水平。

> **思考题**
>
> 1. 食品接触材料中挥发性有机物引起超标的原因有哪些?
> 2. 简述挥发性有机物的前处理及检测方法。

7.4 玻璃类

7.4.1 案例概述

2020 年 9 月 17 日,据 RASFF 消息,匈牙利通报我国出口的玻璃杯不合格,需要召回。不合格原因为重金属迁移量超标,其中镉迁移 0.59mg/件,铅迁移>3mg/件。

7.4.2 玻璃类食品接触材料中有害物质来源及危害

玻璃食品接触材料主要由硅砂、纯碱、方解石掺入一定比例的碎玻璃组成,其化学成分基本为二氧化硅和各种金属氧化物。二氧化硅在玻璃中形成硅氧四面体网状结构，成为玻璃的骨架，使玻璃具有一定的机械强度、耐热性和良好的透明度、稳定性等。金属氧化物可以改善玻璃性能，适应玻璃容器的高温杀菌和消毒处理。此外，还常加入着色剂、脱色剂、澄清剂等加工助剂，这些物质的主要成分均为金属氧化物。食品特别是酸性食品在与玻璃容器接触时，金属氧化物很容易迁移至食品中。如为了降低玻璃的黏度，增加玻璃的机械强度，以及耐化学性腐蚀，会在玻璃中加入氧化镉；为了增加玻璃的密度，提高折射率，使其具有特殊的光泽和良好的导电性能，往往会在玻璃中加入氧化铅。

另外，为了提高玻璃容器的美观度，玻璃表面常涂上含有镉、铅、铬、砷等重金属的釉料、彩绘或彩印，在与食品接触过程中，可能造成有害重金属的迁移，影响消费者的健康。如镉盐有鲜艳的颜色且耐高热，在玻璃工业中镉的多种化合物被用作原料，硒与硫化镉共用可以制成由黄色到红色的玻璃。这些镉和铅的化合物含量越高，容器中的溶液（如酒或酸性饮料）与内壁接触致其溶出的可能性就越大，而这些微量的重金属元素会对人体产生许多危害。

7.4.3 玻璃类食品接触材料中有害物质预防控制措施

（1）提高产品出厂质量，规范生产企业生产行为

加强原材料安全性管理，强化外购物资材料的入库检验制度，从生产源头保障产品质量。另外，生产企业需要根据产品的设计和技术参数来编制各工序的工艺文件，以保障产品生产活动的有序进行。引进先进的加工技术和设备，及时更新生产工艺，淘汰陈旧及老化的加工设备，提高生产设备精密度，进而提高产品质量。

（2）加强产品安全方面的标准制定工作

在《中华人民共和国食品安全法》发布和实施后，我国开始对食品安全国家标准和行业标准进行全面清理、修订、整合工作。《中华人民共和国食品安全法》第二十六条进一步明确了食品相关产品（包括食品容器、包装材料）中危害健康物质的限量为食品安全标准管理范畴。2016年，我国制定并颁发一系列食品接触材料安全标准，在保证与整个食品安全标准体系协调一致的基础上，统筹考虑我国食品接触材料标准体系走向，以期能够逐步解决目前面临的食品包装材料管理问题。

我国现行《食品安全国家标准 食品接触材料及制品通用安全要求》（GB 4806.1—2016）对玻璃食品接触材料的通用要求做出了规定，《食品安全国家标准 食品接触材料及制品用添加剂使用标准》（GB 9685—2016）规定了食品接触材料及制品中添加剂的使用规范和要求，其中对食品接触材料使用的含重金属添加剂的特定迁移限量做出了规定，《食品安全国家标准 玻璃制品》（GB 4806.5—2016）规定了玻璃食品接触材料铅、镉的迁移量限值。

（3）增强消费者对食品包装材料安全性的认识

在日常生活中，一些华丽的餐饮用具背后，隐藏着"镉中毒"或"铅中毒"的杀手。对餐饮用具除应注意清洁卫生外，一定要尽量避免用水晶玻璃制品长期储存酒类、果汁或酸性饮料，以免铅蓄积引起中毒。

（4）规范食品接触材料中有害物质的检测方法

随着化学分析仪器技术的不断发展，越来越多的先进仪器被用于痕量元素分析，常见的有紫外分光光度计、原子荧光分光光度计、阳极溶出伏安法重金属检测仪、火焰原子吸收光谱仪（flame atomic absorption spectrophotometer，FAAS）、石墨炉原子吸收光谱仪

（graphite furnace atomic absorption spectrometry，GFAAS）、电感耦合等离子体原子发射光谱仪（inductiv-ely coupled plasma atomic emission spectrometry，ICP-AES）以及电感耦合等离子体质谱仪（inductively coupled plasma mass spectrometry，ICP-MS）等。其中，原子吸收光谱仪、电感耦合等离子体原子发射光谱仪和电感耦合等离子体质谱仪 3 种分析仪器因其操作相对比较简单，结果准确，越来越受到关注。

原子吸收光谱法主要分为火焰原子吸收光谱法和石墨炉原子吸收光谱法。火焰原子吸收光谱法是当前在重金属测定中应用最广泛的方法之一。与其他检测方法相比，该方法前处理步骤相对简单，使用试剂较少，仪器操作简单，检测速度快，运行成本低。

ICP-AES 的基本原理是以电感耦合等离子火焰作为光源，进行光谱分析的一种方法，其分析速度快，灵敏度好，准确性高，基体效应低，分析范围广，且可同时进行多元素分析，是一种快速和高效的方法。ICP-AES 法可实现对玻璃浸出液中铅、镉、砷、锑的同时测定，玻璃容器中常见的元素（如钾、钠、钙、铜、锰、镁、钡等）对待测元素无显著干扰，多谱线元素铁对铅的测定可产生微弱的干扰。

ICP-MS 法可同时测定多种元素，且灵敏度高，检出限低，干扰少。利用 ICP-MS 可以对食品接触材料中痕量的可溶性铅、镉、砷、汞等有害重金属进行含量测定。为减少信号漂移和基体效应对测量造成的影响，可加入钪、锗、铟和铋作内标，插值法进行校正。由于砷较难电离，检测低含量的砷很困难，因此采用高的射频功率和较长的积分时间分别检测砷、镉，并调谐仪器使其双电荷和氧化物干扰降至 1% 以下，以消除测定过程中多原子离子对测量信号的干扰。

7.4.4 案例启示

为了保证玻璃制品的质量满足其使用需求并充分保障我国人民的身体健康，玻璃的生产者和检测部门都应认真执行各项标准的规定，只有这样才有利于生产适合全球市场并被全球市场所接受的玻璃产品。对消费者而言，在日常生活中选购食品接触的玻璃器皿时，不仅考虑玻璃容器的美观度，更应从安全性的角度出发，结合自身的使用，选择合适的玻璃容器。

思考题

1. 简述玻璃类食品接触材料中导致铅和镉超标的原因。
2. 玻璃类食品接触材料中铅和镉的污染会对人体造成哪些危害？
3. 如何控制玻璃类食品接触材料中铅和镉的含量？
4. 玻璃类食品接触材料中铅和镉的测定方法主要有哪些？

7.5 其他食品接触材料

7.5.1 餐具中重金属溶出引发的食品安全案例

7.5.1.1 案例概述

2012—2016 年，RASFF 涉及中国食品接触用金属材料及其制品的通报共 281 起。其中，明确涉及不锈钢或钢制品的通报 102 起，涉及铁制品的通报 3 起，涉及铝制品的通报 2 起，涉及镀锡制品和镀铬制品的通报各 1 起；同时，在 281 起通报中，涉及刀具的通报 96 起，包括菜刀、剪刀等，涉及烘焙烧烤用具的通报 55 起，包括烤盘、烧烤架等，涉及电器的通报 30 起，涉及容器类的通报 18 起，涉及锅具的通报 15 起，还有叉、匙、滤网等。通报中主要涉及包装材料和餐饮用具的重金属超标问题，主要通告项目为铬、镍超标。2014—2018 年被 RASFF 通报的食品接触用金属材料及制品中，被检出铬的最高迁移量为 105.83mg/kg，约为我国现行食品安全国家标准中规定值（2.0mg/kg）的 53 倍；被检出镍的最高迁移量为 1634.9mg/kg，约为我国标准中规定值（0.5mg/kg）的 3270 倍。

在 RASFF 对中国的通报中，除了金属材料，玻璃材料与陶瓷材料也是出现重金属超标的主要材质。2014—2018 年的通报中共出现 29 起玻璃材料及制品，其中 20 起是由于重金属超标被通报，大部分是由于镉、镍超标。此外，还出现 27 起陶瓷材料及制品重金属超标事件，大部分也是由于镉、镍或铝超标。

2010 年 5 月 10 日，深圳市某公司从皇岗口岸进口一批日本产日用陶瓷，为茶壶水杯套装，共计 21 套，价值 133878 日元。经抽查，该批产品中碟的铅溶出量最高达到 6.58mg/L，壶铅溶出量达到 4.13mg/L，均远远超过我国国标 GB 4806.4—2016 的规定，深圳检验检疫局对该批货物实施了退运处理。

7.5.1.2　重金属溶出超标的来源及危害

金属类食品接触材料有优良的阻隔性能和力学性能，表面装饰性和废弃物处理性能好，但化学稳定性差，特别是包装酸性内容物时，金属离子易析出，从而影响食品风味。镁、铝、不锈钢是目前使用的主要金属食品接触材料，最常用的是马口铁（即镀锡钢板）、无锡钢板、铝、铝箔以及各类不锈钢材料等。一般将以金属为基体表面涂覆有食品级涂料的食品接触材料也列为金属类食品接触材料，因此，金属类食品接触材料可分为两类：一类是非涂层金属；一类是涂层金属。对于非涂层类食品接触材料，其卫生安全问题主要来源于有毒有害的重金属溶出。

不锈钢是钢在冶炼过程中，通过加入铬、镍、锰、硅、钛、钼等合金元素制成的。加入合金元素能够改善钢的性能，通常不锈钢的铬含量至少为 10.5%，它可以在钢的表面形成极薄而坚固细密的含铬氧化膜，防止表面继续氧化，从而获得较好的防锈耐蚀性。不锈钢因其优良的防锈性能，制成的器皿具有美观耐用、易清洁等特点，可制造餐具、厨具、容器等食品相关产品。如果非法从业者使用假冒伪劣的非食品接触用不锈钢材料生产食品器具、器皿，这些不锈钢制品往往重金属含量超标或不耐酸碱腐蚀，在与食品接触加工过程中，不锈钢中含有的金属元素如铬等会通过与酸性介质接触而释放并进入食物中，若人体长期过量摄入，就会危害身体健康。

陶瓷包装的生产主要包括坯体制造及施釉过程。作为坯体原料的黏土，其主要化学组成为二氧化硅、氧化铁、氧化钛、氧化镁、氧化钙、氧化钾、氧化钠等氧化物，在 1200℃ 烧制后得到的陶瓷制品颜色灰暗，且吸水率、气孔率较高。为降低陶瓷包装容器的气孔率、提高阻隔性、增加其强度及耐腐蚀性，需通过施釉工艺在陶瓷坯体内外表面施加一层类似于玻璃材质的釉。

釉原料成分中氧化铅的质量分数高达 41.47%～51.76%，是主要的助熔剂；氧化镉的质量分数为 2.00%～6.00%，是主要的着色剂。除此之外，还存在着一定量的氧化锌、氧化镍和氧化钴,也起着助熔和着色的作用,可见陶瓷釉料中的重金属成分是陶瓷包装中重金属离子溶出的主要来源。

7.5.1.3 重金属溶出超标预防控制措施

(1) 不锈钢

首先,应该从不锈钢生产源头抓起。不锈钢材质是影响不锈钢食具容器中重金属迁移量的重要因素,生产企业要采用相关国家标准或者行业标准中规定选用的材质,选材严把质量关,严格控制材质重金属含量,为产品最终重金属含量控制把好关。如《食品安全国家标准 食品接触用金属材料及制品》(GB 4806.9—2016)明确规定了不锈钢食具容器及食品生产经营工具的具体要求,设备的主体部分应选用奥氏体型不锈钢、奥氏体·铁素体型不锈钢、铁素体型不锈钢等材料;不锈钢餐具和食品生产机械设备的钻磨工具等的主体部分也可采用马氏体型不锈钢材料,并给出与食品直接接触的不锈钢制品中不锈钢的迁移物指标限量。

其次,科学使用不锈钢餐具、器皿和包装容器,尤其要控制酸性食品等与不锈钢类容器的接触和浸泡时间,防止因食品的酸碱变化导致金属离子的析出和迁移,影响食品安全。

另外,加强不锈钢制品监管和检查力度。消费者也应该提升对不锈钢材料的认知和选择能力,在选用时注意外观和产品的标志,包括企业名称、地址、规格、型号、商标等,应选择有"食品接触用"和材质说明标志的产品。

(2) 陶瓷类

我国是陶瓷制品生产和使用大国,产量和出口量虽居世界第一,但多年来因重金属超标引发的出口退货、国内公共安全事件屡见不鲜。陶瓷作为一种重要的食品包装材料,其中重金属离子溶出一直是近年关注的热点。重金属溶出量超标已成为危害食品安全的首要潜在因素,同时也是制约我国日用陶瓷产业发展和陶瓷制品出口的重要因素。

2016年,我国颁布了《食品安全国家标准 陶瓷制品》新标准,完善了对陶瓷制品的分类,制定了与之相应的限量标准,小空心陶瓷制品(杯类除外)铅≤2.0mg/L,镉≤0.3mg/L,标准水平与世界主要发达国家与经济体基本一致。美国、新西兰、韩国和芬兰还分别对锑、锌、砷、铬、镍的溶出量进行了限定。

日用陶瓷生产过程中使用的釉料、花纸中可能有铅、镉等重金属的引入,釉上彩陶瓷中铅、镉溶出风险最大,釉中彩、釉下彩、色釉、白胎陶瓷同样有铅、镉溶出隐忧,如果控制不当会有超标风险,给人体健康造成隐患。陶瓷生产企业应对进厂花纸进行试烧并检测烧后产品铅、镉溶出量,确定合理的彩烤工艺参数(包括温度、转速、装窑密度等),确保花纸颜色、形状大小符合要求的同时,保证铅、镉溶出量符合国家标准。同时,陶瓷生产企业应制定高铅、高镉产品不得与低铅、低镉产品同窑混烤制度,在烧烤含高铅、镉产品后要及时对窑顶、窑壁等部位进行清理,以免造成交叉污染。

陶瓷包装中的重金属主要来自釉层原料,因此可选用氧化锂、氧化硼、氧化锶等复合熔剂代替氧化铅,从而制备无铅釉料。同时,还需改进陶瓷釉层烧制工艺,增强陶瓷耐酸腐蚀性能。同时,提高釉料的细度,能够使烧制后的釉层颗粒空隙更细小,釉层结构更密实,膨胀系数更合理,从而提高耐酸腐蚀性能,降低铅和镉溶出量。

二次烧成(施釉前后各烧制一次)可增强釉层玻璃状保护层,制得的陶瓷制品釉层结构更加紧密,从而提高陶瓷表面耐酸性。此外,新购置的陶瓷包装通过一定浓度的乙酸或硝酸浸泡,也可降低后续包装时陶瓷制品中重金属的溶出量。

7.5.1.4 案例启示

金属罐常作为肉罐头、酒和含气饮料的包装容器,陶瓷瓶、罐、坛、缸等容器也是酒类、咸菜以及传统风味食品的常用包装,因此需注意金属和陶瓷等容器制作和加工中的安全问题,尤其是和食品接触过程中的重金属超标问题,以保证食品安全和人体健康。同时,涉及包装材料中的重金属迁移问题,在贸易中还需考虑到中外标准差异带来的影响。

7.5.2 包装印刷油墨引发的食品安全案例

(1) 案例概述

2005 年,意大利有关部门在抽样检测后发现某品牌婴儿牛奶中存在微量感光化学物质异丙基硫杂蒽酮(ITX),这种物质本来存在于婴儿牛奶包装盒的印刷油墨中,可能是微量的油墨渗透到婴儿牛奶中所致。

(2) 包装印刷油墨引发的其他食品安全案例

国内也曾出现过印刷油墨污染食品的事件。2005 年,甘肃省定西市某食品厂发现生产的薯片有股很浓的怪味,厂方立即召回 640 多箱产品。经检测,确定怪味来自食品包装袋印刷油墨里的苯,其含量约是国家允许量的 3 倍。

(3) 包装印刷油墨污染的来源及危害

目前,在食品包装上使用的印刷油墨主要有树脂型和溶剂型两种。这两种印刷油墨都存在重金属、溶剂残留以及挥发性有机化合物挥发等安全隐患。溶剂型油墨中含有的苯对人体伤害程度最大,极易引发癌症类疾病;油墨中的汞、铅、砷、铬等重金属元素被人体摄入后极易引起重金属中毒事件。而醇溶性和水溶性印刷油墨的使用,尽管安全性高,但其印刷成本也高,印刷工艺较复杂,工业生产效率低,质量不好控制。

紫外光(UV)固化油墨印刷技术,是指在紫外线照射下,利用不同波长和能量的紫外线使油墨连接料中的单体聚合成聚合物,使油墨成膜和干燥。该技术能使油墨 100% 瞬间固化,无有毒有害气体挥发和重金属残留,不会对环境、生产线员工的身体健康造成伤害,且生产效率高,印刷质量可控性强,被广泛推荐使用。在金属材料表面采用 UV 油墨印刷时,可以缩短固化过程并简化原有的固化装置。同时,UV 油墨表层良好的固化性和结膜性不仅可以改善印后加工特性,还能够提高产品的外观质量。

尽管 UV 油墨有很多优势,不存在溶剂挥发和重金属问题,但其快速固化是通过紫外线和光引发剂共同作用的结果。光引发剂是经光照能产生自由基并进一步引发聚合的物质统称,在光固化体系中,接受或吸收外界能量后本身发生化学变化,分解为自由基或阳离子,从而引发聚合反应。案例中抽检的牛奶中的 ITX 就是一种光引发剂,德国在对进口食物的检查中也发现含量高达 $1747\mu g/kg$ 的光引发剂二苯甲酮(BP)的存在。

UV 油墨印刷技术中使用的光引发剂种类很多,但并不都是安全的。有些光引发剂具有一定的毒性,对皮肤有刺激,可致癌。在紫外线光照中,光引发剂会产生醛类副产物,有气味,可能会迁移到食品中污染食品,如 ITX、BP 等。

(4) 包装印刷油墨预防控制措施

我国在2016年颁布的《环境标志产品技术要求 胶印油墨》HJ 2542—2016中明确规定不能在UV油墨中添加BP、ITX、2-甲基-1-(4-甲硫基苯基)-2-吗啉基-1-丙酮(光引发剂907)作为光引发剂。所以，不符合推荐要求的添加光引发剂的UV油墨是绝对不允许在与食品直接接触的包装上使用的。

很多国家都对光引发剂的使用提出了含量和类型标准，并通过检测，公示了禁用的光引发剂，如ITX、BP、2-甲基-1-(4-甲硫基苯基)-2-吗啉基-1-丙酮和光引发剂184(1-羟基环己基苯基酮)等，并建立了推荐目录和超标光引发剂的替代产品。金属包装UV油墨食品包装中光引发剂一般情况下总迁移量不得超过$10mg/dm^2$或$60mg/kg$。

(5) 案例启示

食品包装容器的表面印刷是其流通中不可或缺的环节，油墨又是用于包装印刷的重要材料，因此，选择合适的印刷技术和油墨、控制印刷环节质量对食品安全就显得至关重要，防止因为印刷技术不过关和油墨迁移等对包装和食品安全带来负面影响。

思考题

1. 如何减少食品包装材料中重金属的迁移超标？
2. 如何控制食品包装材料中油墨迁移带来的安全问题？

参考文献

China daily, 2005. Italy seizes 'dirty' Nestle baby milk[EB/OL]. (2005-11-23)[2022-4-23]. http://www.chinadaily.com.cn/english/cndy/2005-11/23/content_497087.htm.

European Commission, 2017. Migration of lead(3.84；3.99；3.5；3.88 mg/item)from glasses with print from China, via Spain[EB/OL]. (2017-06-06)[2022-02-20]. https://webgate.ec.europa.eu/rasffwindow/portal/?event=notificationDetail&NOTIF_REFERENCE=2017.0787.html.

European Commission, 2018. Migration of cadmium(1.358；2.25mg/item)and of lead(16.52；23.5mg/item)from rim of decorated glasses from China[EB/OL]. (2018-06-12)[2022-02-20]. https://webgate.ec.europa.eu/rasffwindow/portal/?event=notificationDetail&NOTIF_REFERENCE=2018.1633.html.

European Commission, 2019. Migration of cadmium(1.95mg/item)and of lead(39 mg/item)from set of glasses from China, via Slovakia[EB/OL]. (2019-08-14)[2022-02-20]. https://webgate.ec.europa.eu/rasffwindow/portal/?event=notificationDetail&NOTIF_REFERENCE=2019.2952.html.

European Commission, 2020. High content of volatile organic constituents[EB/OL]. (2020-08-24)[2022-02-20]. https://webgate.ec.europa.eu/rasff-window/portal/?event=notificationDetail&NOTIF_REFERENCE=2020.3389.html.

European Commission, 2020. Migration of cadmium and lead from glass mug unknown origin via Hungary[EB/OL]. (2020-09-17)[2022-02-20]. https://webgate.ec.europa.eu/rasff-window/portal/?event=notificationDetail&NOTIF_REFERENCE=2020.3805.html.

European Commission, 2020. Migration of volatile components in silicone moulds[EB/OL]. (2020-03-09)[2022-02-20]. https://webgate.ec.europa.eu/rasff-window/portal/?event=notificationDetail&NOTIF_REFERENCE=2020.1110.html.

European Commission, 2021. Migration of cyclosiloxanes from silicone baking molds from China[EB/OL]. (2021-02-24)[2022-02-20]. https://webgate.ec.europa.eu/rasff-window/portal/?event=notificationDetail&NOTIF_REFERENCE=2021.0951.html.

European Commission, 2021. Too much volatile compounds come off from the silicone plates and mug for babies[EB/OL]. (2021-02-10)[2022-02-20]. https://webgate.ec.europa.eu/rasff-window/portal/?event=notificationDetail&NOTIF_REFERENCE=2021.0688.html.

European Commission, 2018. Migration of cadmium(1.358; 2.25 mg/item)and of lead(16.52; 23.5 mg/item)from rim of decorated glasses from China[EB/OL]. (2018-06-12)[2022-02-20]. https://webgate.ec.europa.eu/rasff-window/portal/?event=notificationDetail&NOTIF_REFERENCE=2018.1633.html.

European Commission, 2019. Migration of cadmium(1.95 mg/item)and of lead(39 mg/item)from set of glasses from China, via Slovakia[EB/OL]. (2019-08-14)[2022-02-20]. https://webgate.ec.europa.eu/rasff-window/portal/?event=notificationDetail&NOTIF_REFERENCE=2019.2952.html.

European Commission, 2020. Migration of Cadmium and Lead from Glass Mug unknown origin via Hungary[EB/OL]. (2020-09-17)[2022-09-19]. https://webgate.ec.europa.eu/rasff-window/screen/notification/441848.

European Commission, 2021. Migration of cyclosiloxanes from silicone baking molds from China[EB/OL]. (2021-02-24)[2022-02-20]. https://webgate.ec.europa.eu/rasff-window/screen/notification/467503.

European Commission, 2021. Too much volatile compounds come off from the silicone cup for babies from China[EB/OL]. (2021-03-24)[2022-09-19]. https://webgate.ec.europa.eu/rasff-window/screen/notification/471417.

European Commission, 2021. Too much volatile compounds come off from the silicone plates and mug for babies[EB/OL]. (2021-02-10)[2022-09-19]. https://webgate.ec.europa.eu/rasff-window/screen/notification/463919.

CCTV-新闻频道, 2005. 每周质量报告, 包装袋里的怪味[EB/OL]. (2005-7-24)[2022-4-29]. http://www.cctv.com/news/financial/inland/20050724/100534_2.shtml.

安庆市工商行政和质量技术监督管理局, 2018. 我市四家企业召回部分纸杯产品[EB/OL].（2018-06-05）[2021-03-18]. https://amr.anqing.gov.cn/ywxx/zljd/31692825.html.

常南, 李娜, 郭德超, 2019. 食品用塑料包装中有害物质迁移研究进展[J]. 农业科技与装备(3): 64-65, 68.

陈立伟, 吴楚森, 汪毅, 等, 2016. 超高效液相色谱法同时测定食品塑料包装材料中的紫外吸收剂和抗氧化剂[J]. 分析测试学报, 35(2): 206-212.

戴岳, 段敏, 李强, 等, 2019. 基于RASFF通报分析我国食品接触用金属材料及制品安全[J] 食品质量安全学报, 8(12): 4865-4869.

董黎明, 李杨杨, 周祺, 等, 2018. 白酒陶瓷包装的重金属溶出研究概况与展望[J]. 食品科学技术学报, 36(2): 84-94.

段敏, 李强, 宋楠, 等, 2019. 2014~2018年欧盟食品和饲料快速预警系统对华通报食品接触材料及制品状况分析[J]. 食品质量安全学报, 10(12): 8556-8561.

樊美娟, 王洪波, 赵乐, 2015. 国内外食品接触用纸安全管理现状与分析[J]. 食品安全质量检测学报, 6(7): 2563-2567.

广东省市场监督管理局, 2020. 广东省市场监督管理局关于2019年度流通领域59批次不合格食品相关产品情况的通告[EB/OL].（2020-04-28）[2021-03-16]. http://amr.gd.gov.cn/zwgk/tzgg/content/post_2985268.html.

广东省市场监督管理局, 2020. 广东省市场监督管理局关于2019年度流通领域59批次不合格食品相关产品情况的通告[EB/OL].（2020-09-14）[2021-03-16]. http://amr.gd.gov.cn/zwgk/zdlyxxgk/ssj/content/post_3084214.html.

郭庆园, 蔡汶静, 钟怀宁, 等, 2017. 食品接触材料中全氟和多氟化合物风险与管理[J]. 包装工程, 38(7): 53-58.

郭小玉, 2020. 重金属离子拉曼探针的构建及在环境水体分析中的应用研究[D]. 上海: 上海师范大学.

侯锐, 黄越, 伍换, 等, 2015. 硅胶在食品接触材料的应用及安全风险分析[J]. 现代食品(23): 77-78.

胡佳文, 李天宝, 王春利, 等, 2014. 金属类食品接触材料和制品的安全性研究进展与相关法规[J]. 福建分析测试, 23(3): 52-59.

季玮玉, 商贵芹, 杨心洁, 等, 2017. 国内外橡胶食品接触材料法规的研究[J]. 食品安全导刊(33): 126-130.

金立亨, 2011. 浅谈我国塑料食品包装中常见的各种安全问题[J]. 中国包装工业(6): 58, 60.

景菲, 汤云, 许珍熙, 等, 2020. ICP-MS法测定药用玻璃中砷、锑、铅、镉浸出量[J]. 化工时刊, 34(02): 15-16, 20.

李飞, 2020. 玻璃食品接触材料中重金属迁移量检测方法及限值标准综述[A]//国检集团第一届检验检测人员岗位能力提升论文集（C）. 北京: 中国建材科技杂志社: 166-168, 1754.

李慧, 2012. 全国一次性纸质餐饮具质量情况调查报告[J]. 湖南包装(3): 3-8.

李金凤, 邵晨杰, 2020. 食品接触纸质包装材料中有害物质的迁移及潜在危害的研究进展[J]. 食品安全质量检测学报, 11(4): 1040-1047.

李晓敏, 2016. 食品纸包装邻苯二甲酸酯类塑化剂检测方法及其安全性研究[D]. 大连: 大连工业大学.

厉曙光, 2012. 白酒中的塑化剂[EB/OL].（2012-12-18）[2021-03-18]. http://www.chinafic.org/html/huati/1464.html.

栗真真, 张喜荣, 戚冬雷, 等, 2018. 吹扫捕集-气质联用分析食品接触硅橡胶烘焙用品中的挥发性非目标物[J]. 中国食品学报, 18(3): 235-243.

梁戎斌, 2018. 金属包装UV油墨食品安全探讨[J]. 印刷杂志(3): 13-15.

刘磊, 刘毅, 李红梅, 2008. ICP-AES法同时测定食品玻璃容器中铅、镉、砷、锑的溶出量[J]. 食品科学, 29(2): 353-354.

娄奕娟, 2017. 德芙巧克力被检出矿物油超大幅偏高或损害肝脏等器官[EB/OL].（2017-03-07）[2021-03-15]. http://www.xinhuanet.com//food/2017-03/07/c_1120583242.htm.

鲁奇林, 王月华, 徐方旭, 等, 2014. 影响食品安全包装因素的分析与建议[J]. 食品安全质量检测学报, 5(1): 287-293.

禄春强, 罗婵, 孙多志, 等, 2015. 电感耦合等离子体质谱法测定食品包装用纸中9种重金属元素[J]. 理化检验(化学分册), 51(1): 111-113.

罗健夫, 2005. 追踪保鲜膜事件[J]. 中国防伪报道(11): 28-30.

马宁宁, 陈燕芬, 钟怀宁, 等, 2020. 食品接触材料中挥发性气味物质分析技术的研究进展[J]. 食品安全质量检测学报, 11(4): 1005-1013.

梅金春, 2014. 食品包装纸生产过程重金属控制[J]. 黑龙江造纸, 42(3): 37-38.

彭湘莲, 李忠海, 袁列江, 等, 2012. 纸塑食品包装材料中铅的迁移研究[J]. 中南林业科技大学学报, 32(2): 127-130.

戚冬雷, 张喜荣, 王文娟, 等, 2018. 食品接触硅橡胶制品中5种高关注物质的分析[J]. 食品科学, 39(20): 305-312.

乔增运, 李昌泽, 周正, 等, 2020. 铅毒性危害及其治疗药物应用的研究进展[J]. 毒理学杂志, 34(5): 416-420.

秦紫明, 施均, 2010. 食品用塑料包装材料的安全性研究[J]. 上海塑料(4): 14-18.

青海省市场监管局质量监管处, 2021. 消费提示：消费者购买蛋糕时也应注意蛋糕包装产品质量安全[EB/OL].（2021-02-05）[2021-03-16]. http://scjgj.qinghai.gov.cn/Article/FormDetailsSJJ?Article_ID=5396E25A-8242-4E10-BF10-CCB6CE6E07AE.

宋林娟, 2018. 金属包装UV油墨食品安全探讨[J]. 包装世界(1): 61.

孙春燕, 2017. 食品接触塑料制品中挥发性有机物高通量检测及迁移研究[D]. 杭州: 浙江工业大学.

孙秋菊, 辛士刚, 2014. 塑料食品包装材料与食品安全[J]. 沈阳师范大学学报(自然科学版), 32(2): 151-155.

唐丽丽, 孙彬青, 汤佳敏, 等, 2015. 食品用纸包装材料中荧光增白剂的检测与分析[J]. 包装世界(6): 56-57.

王丽虹, 张苗, 许健, 等, 2016. 食品塑料包装的安全性[J]. 食品安全导刊(36): 8-9.

王琦, 2013. 保鲜膜曝光8年仍在害人, 监管还要等多久？[EB/OL].（2013-07-30）[2021-03-18]. http://opinion.people.com.cn/n/2013/0730/c1003-22376232.html.

王廷婷, 2017. 食品包装油墨安全进行时[J]. 印刷技术(4): 61-62.

王晓华, 黄启超, 葛长荣, 2006. 浅析食品包装容器, 材料存在的安全隐患问题及其控制措施[J]. 食品科技, 31(8): 14-17.

肖丽丽, 袁晶, 陈卫红, 2019. 镉暴露与代谢相关疾病的研究进展[J]. 环境与职业医学, 36(11): 1066-1070.

许娜, 黄英杰, 常南, 2019. 食品塑料包装材料安全性及检测方法分析[J]. 食品安全导刊(3): 27.

余丽, 匡华, 徐丽广, 等, 2015. 食品包装用纸中残留污染物分析[J]. 包装工程, 36(1): 6-11, 69.

袁春梅, 2007. 控制玻璃包装容器中铅、砷、锑溶出量[J]. 轻工标准与质量(1): 35-37.

张迪, 2020. 聚丙烯复合材料中挥发性有机物(VOCs)的研究及微-介孔硅材料对VOCs的吸附效果[D]. 长春: 吉林大学.

张枭雄, 钟红霞, 2020. 食品接触材料重金属迁移检测分析[J]. 化工管理(14): 34-35.

章建浩, 2016. 食品包装学[M]. 北京: 中国农业出版社.

赵淑忠, 姜波, 张和贵, 2016. 日用陶瓷铅镉溶出风险分析与防范[J]. 中国陶瓷, 52(11): 48-52.

浙江省市场监督管理局, 2018. 2017年浙江省硅橡胶奶嘴产品市场买样检测结果信息发布[EB/OL]. (2018-06-29)[2022-02-20]. http://zjamr.zj.gov.cn/art/2018/6/29/art_1229003052_42714801.html.

郑棚罡, 2019. 黄河三角洲大气卤代烃污染特征与来源研究[D]. 济南: 山东大学.

中国广播网,2011. 多地对问题爆米花纸桶展开排查上海查封10万只[EB/OL]. (2011-05-05)[2021-03-18]. http://news.cntv.cn/society/20110505/109853.shtml.

中国质量新闻网,2007. 食品包装袋又见苯残留超标[EB/OL]. (2007-05-17)[2021-03-18]. https://www.cqn.com.cn/cj/content/2007-05/17/content_630082.htm.

中网络电视台,2012. [焦点访谈]打破钢锅问到底[EB/OL]. (2012-2-16)[2022-4-23]. http://news.cntv.cn/china/20120216/121174.shtml.

周松华,2015. 聚氨酯黏合剂和聚丙烯食品包装材料中有害物质的检测与迁移研究[D]. 太原:山西大学.

朱丽,季强,宋建恒,2017. 增塑剂的增塑机理及其安全性探讨[J]. 中国医疗器械信息,23(3):38-39,73.

朱桃玉,郑艳明,罗海英,等,2008. 电感耦合等离子体质谱法测定食品接触材料中可溶性铅、镉、砷、汞[J]. 现代食品科技,24(8):842-844.

第8章

新型食品安全案例

学习目标

1. 了解国内外典型的新型食品安全案例。
2. 掌握国内外新型食品安全案例的发生原因。
3. 学习如何避免新型食品安全案例带来的危害。

学习重点

1. 新型食品安全案例发生的原因。
2. 如何避免新型食品安全案例的发生。

本章导引

引领学生自主寻找问题,结合身边实例进行思考,模拟案例发生过程,进行讨论。培养食品人的踏实进取精神,去应对未来食品安全的新挑战。

8.1 食品成瘾

8.1.1 案例概述

刘某是南京一所高校的大学生,22岁时体重高达72.5kg,但身高只有1.55m,体态非常肥胖。刘某因与家人争吵导致心情不太好,逐渐患上一种怪病。拼命吃很多东西后,她竟然吃泻药,腹泻后继续吃,周而复始,发展到后来甚至用手指催吐。几个月下来,刘某出现了严重的内分泌失调状况。到医院被诊断为典型的食物成瘾,需要立即住院治疗。

2018年,中国医科大学附属第一医院内分泌研究所报道了一例由慢性酒精成瘾诱发的假性库欣综合征患者,患者自述近1个月睡眠欠佳,常有夜间突发饥饿感,伴心慌大汗,进食后好转。近来饮食如常,大小便正常,精神体力较前稍差,近2个月体重降低约10kg,经诊断为慢性酒精成瘾诱导的假性皮质醇增多症。入院期间予以戒酒、对症补钾降压治疗。

出院前（戒酒 20 天）复查血钾恢复正常，血压水平较住院时明显下降。

2012 年，《药物与人》杂志报道，一位 11 岁的男孩，因全身乏力，走几步路就要休息，被家长带到医院检查，被查出患有 3 种"成人病"——糖尿病、高脂血症和脂肪肝。经调查男孩的饮食发现，男孩一日三餐吃得很多，一餐 3 碗饭，还特别喜欢吃糖和面包，晚上睡觉前还会再泡一包方便面。如果不控制体重，任其发展，估计男孩 20 岁的时候，就会出现心血管各方面的问题。这是一个典型的"糖上瘾"的案例，男孩短时间内体重增长过快，太多东西需要消化，导致胰腺分泌相对不足。只有把体重降下来后，血糖才可降至正常。

糖成瘾会发生在各种年龄阶段，一位 60 多岁的患者，因为变胖去查血糖，检查发现是糖尿病，原因是每天吃四五十颗红枣。这位患者血糖原本一直很正常，自从两个月前迷恋上吃红枣后每天都吃很多，红枣糖分很多，导致血糖短期内迅速飙升。如今不少患者，如糖尿病患者、高血压患者、肥胖症患者，都是因为喜欢吃糖引起的，即糖上瘾。

8.1.2　导致食物成瘾的原因

1956 年，Theron Randolph 在科学文献中首次提及"食物成瘾"这个概念，食用者经常食用某种食物（如玉米、小麦、咖啡、牛奶、鸡蛋、土豆等）会产生特殊适应，这种适应出现了与成瘾过程相似的症状，这种症状称为食物成瘾。随着科学家对食物成瘾研究的继续深入，对食物成瘾的认识发生了一定的改变，在 2007 年美国的 40 余位专家在耶鲁大学联合提出了食物成瘾的概念，认为摄入过多食物，不吃东西就会难受、焦虑和烦躁，甚至出现一些病态的表现，这样的症状便是食物成瘾的范畴。

食用者长期食用某些食物（通常是经过高度加工的、高脂肪、高糖、高热量的食物）会产生依赖，一旦停止食用，会出现渴求、焦虑、沮丧等消极情绪，重新食用该食物后，因不停地过量食用会产生耐受、暴饮暴食、戒断等行为，在生理和心理应激下，对该食物依赖越来越严重，产生食物成瘾。

食物成瘾作为一种精神疾病已经得到了研究成果的证实。通过影像学检查显示，食物成瘾患者的大脑神经影像与海洛因依赖患者相似。高脂肪、高糖分的食物和快餐都是食物成瘾的"导火索"。"贪吃"不仅会导致体型的"横向发展"，还会损伤大脑的白质，进而影响智力。如果要将食物成瘾戒掉，需要 1～2 年时间，而且复发率达 80%。

师建国在《成瘾医学》一书中采用 Shriner 等的关于食物成瘾的定义，将食物成瘾表述为：患者会表现出一种对致瘾食物的"食物认知"与过度进食或者厌食等"食物相关行为"相互作用的双重效价行为，即使人们已经意识到这种行为模式对人体的健康产生不利影响，但是患者在双重效价与食欲的相互作用下，仍会不断地摄入该类食物；当被夺走致瘾食物时，食物成瘾者主要表现出耐受和戒断两大症状。其循环示意如图 8-1 所示。

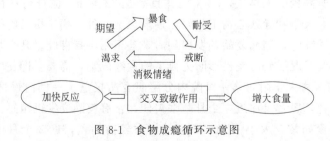

图 8-1　食物成瘾循环示意图

食物成瘾指人们长时间无法理性控制对某种食物（一般指高盐、高脂、高糖食品）的食用量和食用时间，暴食过程中对食物的耐受性增强，戒断时产生包括焦虑、沮丧和愤怒等消极情绪，进一步提高对食物的渴求，又会重复暴食行为，暴食症状与药物成瘾、酒精成瘾的行为特征相似，同时还会出现交叉敏化现象。

食物成瘾在动物试验和影像学试验研究中得到证实。通过研究小鼠的进食过程，研究者发现，对甜食特别渴求的小鼠，一旦不给它吃就会产生狂躁、抑郁等情绪表现，其神经影像功能、结构与海洛因依赖基本一致。

另一项能够证实食物成瘾症状的是高糖食物奶昔对比试验。试验参与者在食用了两种含糖量不同的奶昔后，接受磁共振检查，结果发现，食用了高糖含量奶昔的参与者相对于食用了低糖奶昔的参与者有明显的饥饿感。高糖含量的食物刺激了人体大脑中的特定区域，不断释放出对食物渴求的信号，暗示人"继续吃"。但食物成瘾有一定的限定条件，身体质量指数（body mass index，BMI）大于28，是食物成瘾的首要条件，其次必须同时满足吃东西停不下来和停止吃东西就感到不舒服的症状。不仅高糖的食物，甚至快餐广告中的部分画面，也有可能对消费者造成一定的暗示，间接导致食物成瘾的症状。因此，食物成瘾的原因比较复杂，可能还与不同个体基因有关。从食物成瘾者的选择来看，越是可口、感官良好的食物越容易使人上瘾，包括腌制食物和快餐类产品，当得不到此类食物，成瘾者就会产生与"酒瘾者""烟瘾者"一样的焦虑、沮丧和紧张等情绪，反之，会有兴奋和满足感。

食物成瘾按照食物类型的不同，可以分为以下几类。

(1) 酒精成瘾

酒精成瘾或称酒精依赖，是导致全球慢性肝病和肝病相关死亡的主要原因之一。近年来，人们提出了许多新的思路解释酒精成瘾的危害，认为长期酗酒可能通过一些尚未完全了解的机制增加肠道通透性、改变肠道菌群组成，导致肠道菌群紊乱，使得肠腔内一些本不该进入血液循环的物质进入血液循环而流向全身，并可引起胃肠道以外的器官损害并与特定并发症——假性库欣综合征［也称为非肿瘤性皮质醇增多症（non-neoplastic hypercortisolism，NNH）］相关。

(2) 咖啡成瘾

1981年，美国巴尔的摩霍普金斯大学医学院的研究人员发现了喝咖啡可以成瘾的内在根据，咖啡因与大脑的"传令兵"——腺嘌呤核苷的作用非常相似。当咖啡因进入脑细胞的接收器或锁眼中，便限制了腺嘌呤核苷的正常功能，从而使脑中起刺激作用的化学物质失去平衡，于是迫使脑细胞立即产生新的、足以容纳腺苷和咖啡因的接收器。一旦突然停止咖啡因的吸入，腺苷便占有全部咖啡因空出的接收器位置，这时，大脑被过度抑制，处于不兴奋状态，血压也开始下降。平时咖啡喝的量很多，人便会产生头痛、懒散、情绪低落和脾气反常等现象，直到大脑减少了腺苷接收器的数量后，这些症状才会消失。

(3) 糖成瘾

糖分会影响体内激素，使人体大脑无法发出饱腹的信号，仍想继续吃，因此，"吃不饱"是糖成瘾的主要原因。当人体吃饱的时候，体内会生成一种激素向大脑传递饱腹信号，但是糖分摄取增多，就会抑制体内生成饱腹感的激素，没有这种激素的人即使吃过量也会觉得饿，间接导致吃太多而发胖。

糖会使大脑不间断发出要摄入糖分的信号，就像烟瘾一样，吃糖的人会越来越爱吃糖。医学研究证实，吃糖的时候，糖会刺激大脑产生多巴胺，可以使人产生一种兴奋的感觉，一旦停止吃糖大脑缺少了这种反馈,人体就会感觉不舒服,继续吃糖后缓解,从而慢慢地糖成瘾。

虽然糖成瘾是一个缓慢的过程,但在一定的时间内,人吃了很多糖后就会不断地刺激胰腺分泌胰岛素,如果突然不吃糖,而胰岛素的水平依然较高,人就会低血糖。假设正常人胰岛素每小时分泌 10 个单位,喜欢吃糖的人胰岛素每小时分泌 15 个单位,突然不吃糖后胰岛素依然分泌过多,人就会无力、不舒服,补充糖后会舒服很多,最终导致糖成瘾。

(4) 脂肪成瘾

脂肪易产生高食欲,引起脂肪成瘾。研究证实,高脂肪食物的摄入量与体重增长以及肥胖呈正相关,高脂肪食物诱导的肥胖大鼠在第 4 周后出现高胰岛素血症和高瘦素血症。因饮食引起肥胖的小鼠变得肥胖之前就存在对瘦素的抵抗症状,而这些小鼠的下丘脑弓状核投射存在缺陷,在饮食诱导肥胖的新生儿个体中,瘦素活体激发下丘脑弓状核神经细胞内信号产生以及体外促进神经突起生长的能力被大大减弱,并且这类缺陷将一直持续到成年期。高脂肪饮食导致胰岛素抵抗和瘦素抵抗,影响下丘脑神经肽和阿黑皮素原(poroopiomelanocortin,POMC)的正常表达,打破中枢神经多肽的平衡从而引起肥胖。

8.1.3 食物成瘾的危害

(1) 催生慢性病

当人体摄入过多糖分时,糖分可以转化成脂肪和蛋白质。正因为这种互相转化的关系,摄取过多糖分后,最直接的表现就是肥胖。当人体摄入糖分超过每日总热量的 5% 不会有太大影响,可以作为身体能量储备,可通过运动消耗。但如果长时间摄入的糖分超过每日所需总热量的 10%,就会转化成脂肪,引起肥胖、糖尿病、心脏受损或心力衰竭、癌细胞扩增、脑力衰退、寿命减短等。很多慢性病,大部分都是因为糖分摄取过量引起的。

(2) 损害人类的精神健康

研究发现糖摄入过多会增加抑郁的风险,也可使精神分裂恶化。流行病学调查显示,糖摄入量高的国家,抑郁症发病率也比较高。美国国家精神卫生研究所高级临床科学家大卫·萨克博士解释说,血糖从很高的水平突然下降,会加重情绪障碍。糖会降低体内的某种激素的活性,还会产生慢性炎症,影响人体免疫系统,这一切可能与抑郁和精神分裂有关。

(3) 加重焦虑的症状

糖不一定会导致人焦虑,但可能会加重焦虑的症状,削弱患者应对焦虑的能力。动物实验显示,吃了很多蜂蜜、糖的大鼠更容易出现焦虑。糖会导致人体视力模糊、思考困难、疲劳等,由于容易惊恐发作的人对危险的征兆很敏感,从而更增加了他们的担心和恐惧,进而出现惊恐发作的症状。血糖水平忽高忽低会令人产生震颤和紧张,也可加重焦虑。

(4) 损害认知能力

糖会损害学习和记忆等认知能力,原因可能是糖引起体内胰岛素抵抗,进而损害大脑神经细胞之间的联系。美国索尔克生物研究所的科学家发现,血液中高水平的葡萄糖会缓慢地损害全身细胞,特别是脑细胞;美国威斯康星大学的研究发现,过量糖分就像细菌、病毒,可引发大脑的免疫炎症反应,引起认知障碍,如损害记忆力,这可能与阿尔茨海默病有关。

(5) 损害肝、胃、肾等重要内脏器官

咖啡中含有咖啡因,咖啡因是一种生物碱,适度地使用有消除疲劳、兴奋神经的作用,临床上用于治疗神经衰弱和昏迷复苏。但大剂量或长期使用也会对人体造成损害,特别是它也有成瘾性,一旦停用会出现精神萎靡、浑身困乏疲软等各种戒断症状。虽然其成瘾性较弱,戒断症状也不十分严重,但因药物的耐受性而导致用药量不断增加时,咖啡因就不仅作用于大脑皮质,还能直接兴奋延髓,引起阵发性惊厥和骨骼震颤,损害肝、胃、肾等重要内脏器官,诱发呼吸道炎症、妇女乳腺瘤等疾病,甚至导致吸食者下一代智力低下、肢体畸形,因此被列为国家管制的精神药品。

8.1.4　食物成瘾的预防控制措施

目前,针对食物成瘾的肥胖并没有特别好的治疗方法,临床上主要通过药物治疗、认知行为干预等,治疗周期较长,需1~2年。通过对肥胖人群的干预治疗,如缩胃手术,患者的脑白质损伤会慢慢恢复,食物依赖也会有所下降。但是,治疗好了并不代表"万事大吉",食物成瘾的复发率高达80%。对于患食物成瘾的肥胖个体的治疗一般包括:培养对心理压力的容忍度,提高以价值为导向的行为能力,减少难以控制的情绪,发展更好的饮食管理模式,改变不良的饮食行为。因此,治疗食物成瘾还需要采取以下措施。

(1) 学会控制情绪

暴饮暴食其实是一种情绪上的需求,如因疲惫而想要释放压力,又或是需要放松心情等。通常来说,人们在考虑是否选择健康食品时,往往会忽略情绪对客观进食需求的影响。

(2) 改变个人的饮食习惯和生活方式

首先,进食前应了解食物含有的化学成分,尽量避免食用高盐、高糖、高脂等食物;其次,摄取一定量的新鲜果蔬、奶制品、粗粮等食物,达到营养均衡、合理搭配的饮食标准;最后,要制定合理的进食时间,两餐之间间隔4~5h,规律的三餐进食可避免体内较大的血糖波动和产生强烈的饥饿感。在戒断过程中,会出现焦虑、渴求、烦躁、沮丧等情绪波动,可以选择做喜欢做的事情来转移注意力,或保持适当的运动以减轻压力,保持充足的睡眠提高精力,精神状态的调整可以有效应对食物成瘾。不论是食物成瘾患者还是正常人群,都需要养成良好的生活习惯,选择健康营养的食物,才能初步预防和治疗食物成瘾。

(3) 改变食物结构

改变食物结构,提前定好饮食计划,使人不再见到食物就不加控制地食用,建立新的进食模式,采用健康的糖源,如新鲜水果、低脂牛奶、低糖酸奶等;练习味蕾,每周从自身的饮食种类中减掉一种含糖或脂肪高的食品,少吃餐后甜点,逐步削减食品、饮料中的加糖量,逐渐使自身味蕾习惯不太甜或脂肪低的食品;远离甜味剂,研究发现持久食用糖替换品会使人吃糖的愿望更强烈;多吃纤维素,高纤维食品带来饱腹感,且不会升高血糖。

(4) 有规律地进食

给自己定好规矩,如不在两顿饭间进食等,如果人意识到自己不应该吃东西,大脑就会减少对食物的渴求。

(5) 改变想吃食物的方式

改变想吃食物的方式,如看到一大盘炸薯条时,不再想"吃掉它会很高兴",而应先想到:"这是你应吃食物量的两倍之多,吃了会感觉不好。"《暴饮暴食的终结》一书中写道:"一旦明确意识到那样不对,你就会采取措施进行自我保护。"

(6) 学会享受吃自己可控制的食物

新鲜蔬菜水果为人体提供了每日必需的维生素、矿物质、膳食纤维、植物化合物(多酚类、萜类等)、有机酸、芳香物质。特别是深颜色的果蔬富含丰富的 β-胡萝卜素(维生素 A)、维生素 C、叶酸、B 族维生素、钙、镁、钾、铁等;同时蔬菜水果含能量、脂肪都很低,大部分低于 30kJ/100g,因含有丰富的膳食纤维,容易增加饱腹感,进而容易控制摄食量。

(7) 训练抵制进食过度的诱惑

首先训练自己在某个特定的场合才能饮食。例如,无论正餐还是零食,都必须在餐桌上进行,不在其他场合进食;食物不要出现在除了餐桌上的其他地方,如卧室、客厅,这样,我们就可以逐渐改变随时随地吃零食的习惯;吃饭的时候,应该杜绝一切活动,如看电视、看手机或者聊天等,专注吃饭,这样也可以避免进食过度。

(8) 国家政策与食物成瘾的应对措施

国家政策对于市场的导向作用十分重要,相关的贸易政策、农业补贴、粮食政策等对于市场上食品的种类、价格与流通具有重要的主导作用,极大程度地影响着消费者对食物的选择。美国等国家在应对食物成瘾方面已经出台相应的政策。美国部分地区已立法限制碳酸饮料的销售,碳酸饮料涉及糖成瘾的问题,其会在一定程度上破坏人体的热量平衡系统与体质量调节系统,不论是成人还是小孩长期饮用软饮料,比不饮用或很少饮用软饮料的人群超重或肥胖的概率高 27%。对于碳酸饮料加收汽水税、限制大包装碳酸饮料的销售、限制销售区域(如中小学校园限制销售可乐)等,这些政策可以减少人们对软饮料的消费,降低糖的摄入量从而应对成瘾问题;另一方面,美国旧金山为了改变社区内的食物环境实施"好邻居"项目,呼吁销售商成为"好邻居",减少酒精和烟草,增加新鲜农产品,增加健康食物的售卖,并对这种售卖行为提供奖励,旨在为居民提供一个健康良好的饮食环境。

8.1.5 案例启示

消费者在日常生活中应注意,学会控制情绪,摄取一定量的新鲜果蔬、奶制品、粗粮等食物,达到营养均衡、合理搭配饮食,规定自己在某个特定的场合才能饮食。政府方面可以鼓励新鲜农产品的供应,增加健康食物的售卖,并对这种售卖行为提供奖励,旨在为居民提供一个健康良好的饮食环境,来共同应对食物成瘾。

> **思考题**
>
> 1. 用"无糖食品"代替有糖食品是否合理?为什么?
> 2. 如何继承和发扬中国传统饮食文化,预防食物成瘾?

8.2 网络食品

8.2.1 一般网络食品引发的食品安全案例

(1) 案例概述

最高人民法院发布的《网络购物合同纠纷案件特点和趋势(2017.1—2020.6)》司法大数据专题报告显示,2017—2020 年上半年,各级人民法院一审收到网络购物合同纠纷案件

4.9万件，约有30%涉及电商平台，而食品类纠纷在网络购物合同纠纷案件中占比接近半数，为45.65%，网络食品安全问题不容忽视。

2021年3月26日，国家市场监督管理总局通报8款不合格网络食品，涉及检出非法添加物质、微生物污染、农兽药残留超标、食品添加剂超范围使用、质量指标不达标等问题。网售银杏沙棘茶（代用茶）、大肚子茶（代用茶）2款产品咖啡因含量，即食海蜇丝菌落总数，兰花豆（牛汁味炒货）大肠菌群数，枣花蜜氯霉素残留量，麻辣风干香肠山梨酸及其钾盐（以山梨酸计）检测值，豆腐干（麻辣味）脱氢乙酸及其钠盐（以脱氢乙酸计）检测值，切片型马铃薯片（奥尔良味）酸价（以脂肪计）检测值均不符合产品执行标准。

(2) 网络食品存在的问题

网络食品存在的问题主要集中在非法添加物质、微生物污染、农兽药残留超标、有机污染物污染、重金属污染、食品添加剂违规和超范围使用、质量指标不达标、标签标识不规范、临期等方面。网络食品潜在的危害与其存在的安全问题密切相关，上述问题不仅会使人因缺乏足够的营养而导致营养不良性疾病，甚至会发生急性、亚急性食物中毒和慢性食源性疾病。

(3) 案例启示

随着网络零售业的飞速发展，网络食品已成为人们生活中不可或缺的消费品。可以预言，未来网络食品的消费量将会逐步增大，消费群体会越来越多，售卖品种也会越来越丰富，除上述提到的相关食品案例问题外，如不加强监督管理，必然会出现更多的网络食品安全问题，对人体健康造成危害。政府食品安全管理部门、网络食品销售平台等，都应该高度重视这个问题，前瞻性设计规划网络食品安全的防控措施，保证网络食品又好又快地发展，让人们足不出户就可以采购到安全放心的食品。

8.2.2 网络生鲜食品引发的食品安全案例

(1) 案例概述

据中国农业科学院农业信息研究所发布《中国农产品网络零售市场暨重点单品分析报告（2020）》，2019年生鲜产品网络零售额突破1094.9亿元，从消费趋势来看，蔬菜、鲜肉和水果增速分别达109.3%、62.3%和44.5%，线上"菜篮子""果盘子"供应成为新常态；在主要品类的网络零售量分布中，来自新电商平台的渠道占比分别达44.35%、38.6%和32.2%，均排名第一。传统零售不断向线上转型，生鲜电商的发展潜力和爆发力巨大。

2020年7月3日，厦门市市场监督管理局曝光5批次不合格网络生鲜食品。其中，白鲫鱼中恩诺沙星残留、活虾（明虾）中呋喃唑酮代谢物含量、牛奶草莓中烯酰吗啉残留、带鱼段的过氧化值（以脂肪计）、长豆角中灭蝇胺含量均超出国标允许范围。

2020年8月18日，福建省厦门市市场监督管理局曝光3批次不合格网络生鲜食品。其中，优质牛里脊和黑鱼中氧氟沙星残留、生姜中噻虫嗪残留量均不符合食品安全国家标准规定。

2020年11月24日，上海市市场管理局曝光5批次不合格网络生鲜食品，包括4批次梭子蟹（镉）、1批次乌鸡（磺胺类总量）。

(2) 网络生鲜食品存在的问题

生鲜类食品需要经过生产、加工、运输、销售、二次运输和配送6个环节最终到达消费者手中，每个环节均与食品质量安全直接相关。生鲜类食品对贮存和运输过程中的环境因素（如温度、湿度）要求比较高，因此生鲜类食品网购过程中可能出现以下安全问题。

① 产品质量

生鲜食品存在不新鲜、品质欠佳、标注虚假保质期等问题，甚至出现农兽药、重金属残留超标。

② 贮存环境不达标

例如，库存卫生条件差，生鲜产品运输车辆未取得准运证明，贮存时不按规定的温度和湿度贮运等，部分物流服务商缺乏食品安全的防护意识，从而导致食品的二次污染、中毒或腐烂变质。其中，因保存温度与运输条件不当而造成的食品安全问题，已成为当前网络生鲜食品最大的隐患。

③ 冷链物流不完善

生鲜类食品在运输过程中，或多或少会出现串味（非专车专运）、反复冻融（解冻后再复冻，容易产生细菌）、冰碴过量等多种因运输问题而导致食品变质的现象。

④ 库存积累、损耗高

生鲜产品的销售有很多不确定因素，每天的订单量和多种原因相关，增加了库存的不确定性。大量生鲜产品的存货积累不仅会造成巨大经济损失，也会造成其新鲜度下降。

⑤ 配送时间难把控

目前，针对配送过程尚无相应的物流质量标准和严格的检验手段。"问题食品"仅凭经验和肉眼判断，有时甚至不进行任何检查，可能会畅通无阻地进入销售环节。另外，能否按时把产品运送到消费者手中，要求配送人员对时间的把控非常重要。

(3) 案例启示

网络销售平台的功能不断强大，给生鲜食品提供了更广阔、更快捷的销售渠道。但由于其销售渠道的环节较多、运输周转时间相对较长，生鲜食品的全流程品质监督比较难，有的注重源头，有的注重仓储物流，有的注重出货，只要有一关把不住，就有可能导致消费者拿到的生鲜食品出现变质。政府食品安全管理部门、网络食品销售平台、冷链仓储行业等，都应该重视生鲜食品的全流程品质监督管理问题，共同推动制度完善、措施落地，共同维护行业良好口碑，既让农户的生鲜产品卖出好价钱，也让消费者都吃上放心的生鲜食品。

8.2.3　网络餐饮服务引发的食品安全案例

(1) 案例概述

据文献报道，2019年中国餐饮外卖产业规模为6536亿元，相比2018年增长39.3%。截至2019年底，我国外卖消费者规模约为4.6亿人，占网民的51.1%。截至2021年12月，我国网上外卖用户规模达5.44亿，较2020年12月增长1.25亿，占网民整体的52.7%。当前我国网络订餐平台规模巨大，同时也存在一些食品安全问题。以北京市的食品外卖平台为例，根据2018年12月北京市食品药品监督管理局对外卖平台的监管结果显示，有3家食品外卖销售平台，一个月内食品安全检查不合格且已经下线的商铺数量总共为255家，占调查总数的21.0%，而检出有问题的商铺高达4500家，占调查总数的50%左右，其中某外卖平台检出的问题餐饮店铺数量较多，达2000家。

(2) 网络餐饮服务食品引发的其他食品安全案例

针对超范围经营的问题，浙江省台州市路桥市场监管微信公众号2020年11月24日报道，路桥区市场监管局接到举报某餐饮店售卖的自制食饼筒皮无任何标签标识。经查实，该餐饮店虽已取得食品经营许可证，但其主体业态并无"网络经营"标注；且接单后于店内制作食饼筒皮，冷却后进行真空包装并加贴标签。路桥区市场监管局根据《食品经营许可管理办法》（2017年修正）第四十九条规定，对当事人未经变更登记从事网络销售的行为给予警告；根据《中华人民共和国食品安全法》（2018年修正）第一百二十五条第一款第（二）项规定，对当事人销售无标签食品的行为处5000元罚款。

2021年8月，《新闻110》和福州市市场监管局联合执法时发现，主打线上外卖的知名连锁餐饮品牌的粥店、粥铺存在多项卫生问题。此外，萧山市场监督管理局对2家粥店展开调查，发现个别员工无法提供健康证、店内环境卫生不够整洁、索证索票不齐全等问题。

对配送平台及配送人员，央视网报道，2021年3月19日，武汉的王先生和朋友通过某平台跑腿代购服务，在某店点了7个菜，送上门的菜绝大多数都不是自己下单的商家提供的。骑手回应称，买了1个真菜6个"假"菜，再附上假水单，如此操作，他"昧"了顾客36元。

欧联网援引欧联通讯社报道，2017年，土耳其一名外卖员因在给顾客送披萨过程中，故意在披萨上吐口水，事情败露后遭检方起诉。该外卖员危及顾客健康已被罚款4000里拉（约为610欧元），主控检察官要求法院判处涉案嫌疑人高达18年监禁。

据人民网2016年4月报道，记者发现部分外卖配送箱因长时间使用，外部沾满灰垢，内部也有油污菜垢，且有异味。

2020年3月底，郑州市市场监督管理局组织抽检品130批次网络供餐单位自制食品（餐饮食品），其中123批次合格，7批次不合格。

（3）网络餐饮服务食品存在的问题

网络餐饮服务食品主要涉及经营不规范、生产加工环境脏乱差、原料采购不透明、贮存条件不标准、加工过程不卫生、配送设施不洁等问题。

网络餐饮服务食品极大地方便了人们的生活，但是网络餐饮服务食品多为高油高盐食物，易对肠胃造成负担，引起消化不良、便秘的症状；且存在超范围经营、经营环境差等问题，致使网络餐饮服务食品安全保障难。某些网络餐饮平台对外卖人员的审核不严格，导致外卖员的素质参差不齐，外卖配送过程容易产生食品安全问题。此外，外卖使用的包装盒也可能有毒甚至严重致癌，对人体健康有不利的影响。

（4）案例启示

现代社会经济越来越发达，人们的生活节奏也越来越快，网络餐饮服务食品"叫外卖"已经成为年轻人最青睐的生活方式之一。但由于"外卖"行业发展迅速，行业标准、行业监管、配套法律法规等还不能完全适应"外卖"行业的发展，势必造成行业内个别商户为了追求利益最大化，做出一些违背良心、踩红线的事情，将不合格餐饮出售给消费者，对人民生命健康造成危害。行业相关部门、外卖订餐平台、快递送餐行业等，都应该树立食品安全第一的意识，加快行业标准和法律细化完善工作，加强监督管理，外卖商户应当用心做事、良心供餐，让消费者吃上营养健康的美味餐饮。

思考题

1. 如何选择网络食品？
2. 怎样确保网络食品安全？

3. 如何对网络食品安全实施有效监管？
4. 谈谈你对的网络食品引发食品安全事件的看法。

参考文献

Hoebel B G, Avena N M, Bocarsly M E, et al, 2009. Natural addiction：a behavioral and circuit model based on sugar addiction in rats[J]. Journal of Addiction Medicine, 3(1)：33-41.

Randolph T G, 1956. The descriptive features of food addiction. addictive eating and drinking[J]. Quarterly Journal of Studies on Alcohol, 17(2)：198-224.

福州市市场监督管理局(知识产权局).坚决让"脏乱差"外卖餐饮店退出市场 福州市启动网络外卖餐饮店百日专项整治行动[EB/OL].(2021-07-30)[2022-09-22]. http://scjg.fuzhou.gov.cn/zz/xxgk/gzdt/202107/t20210730_4152406.htm.

郭延垒，师萱，阳勇，等.2016.咖啡因在大鼠及小鼠肝微粒体中体外代谢种属差异研究[J].中国中药杂志, 41(10)：1926-1932.

国家市场监督管理总局.2020.市场监管总局关于9批次食品不合格情况的通告〔2020年第26号〕[EB/OL].(2020-10-20)[2021-03-18]. http://gkml.samr.gov.cn/nsjg/spcjs/202010/t20201020_322453.html.

国家市场监督管理总局, 2021.市场监管总局关于11批次食品抽检不合格情况的通告〔2021年第15号〕[EB/OL].(2021-03-26)[2021-06-25]. http://gkml.samr.gov.cn/nsjg/spcjs/202103/t20210326_327317.html.

国家市场监督管理总局, 2021.市场监管总局关于11批次食品抽检不合格情况的通告〔2021年第15号〕[EB/OL].(2021-03-19)[2022-09-22]. https://gkml.samr.gov.cn/nsjg/spcjs/202103/t20210326_327317.html.

国家市场监督管理总局, 2021.市场监管总局关于5批次食品抽检不合格情况的通告〔2021年第6号〕[EB/OL].(2021-01-29)[2021-03-18]. http://gkml.samr.gov.cn/nsjg/spcjs/202101/t20210129_325646.html.

国家市场监督管理总局, 2021.市场监管总局关于5批次食品抽检不合格情况的通告〔2021年第6号〕[EB/OL].(2021-01-29)[2022-09-22]. https://gkml.samr.gov.cn/nsjg/spcjs/202101/t20210129_325646.html.

虹口报数字报刊平台, 2019.蔬果的营养与健康（xinmin.cn）[EB/OL].（2019-07-15）[2022-09-22]. http://hongkouweekly.xinmin.cn/html/2019-07/15/content_2_8.htm.

李嘉姝，于晓会，单忠艳, 2018.酒精成瘾诱发的假性库欣综合征一例报道及文献复习[J].中国微生态学杂志, 30(11)：1300-1304.

李玉琳, 2009.大脑奖赏系统在高脂饮食诱导肥胖C57BL/6小鼠不同饮食干预中的作用[D].兰州：兰州大学.

林迪, 1983.喝咖啡为什么可以成瘾[J].食品科技, 9：14.

刘玲燕, 2015.食物成瘾，是真的吗?[J].健康与营养, 11：88-91.

路桥市场监管, 2020.网络销售自制食品不可任性，这家餐饮店被罚了！[EB/OL].(2020-11-24)[2022-09-22]. https://mp.weixin.qq.com/s/C_uaEVUpspFSzEmhxE3WeA.

南美侨报网, 2020.比萨上吐口水，土耳其外卖员被诉18年[EB/OL].(2020-01-24)[2021-06-25]. http://www.br-cn.com/news/gj_news/20200124/141992.html.

强悦越，林少玲，傅建炜，等, 2020.未成年人食物成瘾的研究进展[J].食品科学, 41(3)：304-313.

人民网, 2016.注册零门槛超时混送问题多外卖配送也存隐患[EB/OL].(2016-04-11)[2022-09-21]. shipin.people.com.cn/n1/2016/0411/c85914-28264627.html.

厦门市市场监督管理局, 2020.2020年食品安全专项监督抽检信息（2020年第8期）[EB/OL].(2020-08-04)[2021-09-22]. https://scjg.xm.gov.cn/xxgk/zfxxgk/zfxxgkml/40/02/202008/t20200803_2467844.htm.

厦门市市场监督管理局, 2020.厦门市市场监督管理局关于疫情防控期间食品安全专项监督抽检信息（2020年第6期）[EB/OL].(2020-06-22)[2022-09-22]. https://scjg.xm.gov.cn/xxgk/zfxxgk/zfxxgkml/40/02/202006/t20200622_2457000.htm.

上海市市场监督管理局, 2020.2020年第44期省级食品安全抽检信息（2020年11月25日）[EB/OL].(2020-11-25)[2021-09-22]. http://scjgj.sh.gov.cn/922/20201125/2c9bf2f675f9bd480175fd0b6e2e0cf8.html.

师建国, 2022.成瘾医学[M].北京：科学出版社.

光明网, 2020.土耳其一外卖小哥朝披萨里吐口水，检方要求判其18年监禁[EB/OL].(2020-01-25)[2022-09-22]. https://m.gmw.cn/baijia/2020-01/25/1300899100.html.

网曝速食包卫生堪忧 合肥食药监局将彻查[N/OL].北京青年报.(2018-11-17)[2022-09-22].http://epaper.ynet.com/html/2018-11/17/content_310294.htm?spm＝C73544894212.P59511941341.0.0&div=-1.

萧山市场监管,2021.迅速行动,全面排查!我局开展曼玲粥店专项检查[EB/OL].(2021-03-18)[2022-09-22].https://mp.weixin.qq.com/s/8UnGRai0cvLIzJY624_FOA.

（日）小池五郎等著,孙国君,译,1988,饮食与减肥[M].长沙：湖南科学技术出版社.

新华视点,2021.买7道菜仅1道是正品外卖骑手被指"以假乱真"迅速行动,全面排查!我局开展曼玲粥店专项检查[EB/OL].(2021-03-24)[2021-05-03].http://news.cctv.com/2021/03/24/VIDE6T4hjW6ohuUQs5OJZGd4210324.shtml.

新华网福建频道,2021.福州启动网络外卖餐饮店百日专项整治行动[EB/OL].(2021-08-03)[2021-06-18].http://www.fj.xinhuanet.com/shidian/2021/08/03/c_1127724154.htm.

杨思戊,2017.网络订餐食品安全监管研究[D].郑州：郑州大学.

佚名,2018."食物成瘾"也是病[J].中南药学(用药与健康)(1)：90.

佚名,2020.中国外卖市场规模超6500亿元覆盖4.6亿消费者[J].中国食品学报,20(8)：1.

钱江晚报,2014.浙江省消保委公布微信销售产品黑名单朋友圈美食成"霉食圈"[N/OL].(2014-08-15)[2021-04-21].http://qjwb.thehour.cn/html/2014-08/15/content_2786067.htm?div=-1.

浙江新闻,2014.省消保委公布微信销售产品黑名单朋友圈美食成"霉食圈"[EB/OL].(2014-08-15)[2021-04-21].https://zjnews.zjol.com.cn/system/2014/08/15/020199872.shtml.

郑明静,郭泽镔,郑宝东,等,2015.食物成瘾的研究进展及启示[J].食品科学(9)：271-278.

志远,2012.嗜糖上瘾有害健康[J].药物与人（9）68-69.

郑州市市场监督管理局,2020.郑州市市场监督管理局关于食品安全监督抽检情况的通告（2020年第8期）[EB/OL].(2020-03-26)[2022-09-22].http://amr.zhengzhou.gov.cn/tzgg/3046869.jhtml

中国财经网,2018.廉价外卖生产过程的秘密：生产过程令人作呕,日销40万份[EB/OL].(2018-11-16)[2021-06-25].http://finance.china.com.cn/consume/20181116/4811232.shtml.

中国农业科学院农业信息研究所,2021.《中国农产品网络零售市场暨重点单品分析报告（2020）》[EB/OL].(2021-03-26)[2022-09-22].https://aii.caas.cn/xwdt/zhdt/ec199e97cd1f402882b327f2e4821606.htm.

中国新闻网,2020.啥商品网购纠纷多?谁最爱维权?司法大数据来了![EB/OL].(2020-11-20)[2021-06-20].https://www.chinanews.com.cn/sh/2020/11-20/9343230.shtml.

中国质量新闻网,2017.福州"拼单网"经营日本涉核食品被列入黑名单.[EB/OL].(2017-05-17)[2022-03-18].http://www.cqn.com.cn/pp/content/2017-05/17/content_4305235.htm.

中国质量新闻网,2020.福建厦门市抽检6大类食品650批次样品,不合格14批次[EB/OL].(2020-07-03)[2022-06-25].http://www.ipraction.gov.cn/article/gzdt/zlbg/202007/316423.html.

中国质量新闻网,2020.福建厦门市市场监督管理局：15批次食品抽检不合格[EB/OL].(2020-08-18)[2022-06-25].http://www.ipraction.gov.cn/article/gzdt/zlbg/202008/320475.html.

中国质量新闻网,2020.上海市市场监督管理局抽检697批次食品,5批次不合格[EB/OL].(2020-11-24)[2022-06-25].http://www.ipraction.gov.cn/article/gzdt/zlbg/202011/328626.html.

中国质量新闻网,2020.郑州市抽检网络供餐单位自制食品130批次样品,不合格7批次[EB/OL].(2020-03-26)[2022-09-22].https://www.cqn.com.cn/ms/content/2020-03/26/content_8436476.htm.

陈杰,郭诗卉,2016.众包催生的外卖配送之乱配送员零门槛、低要求小问题中存食品安全大隐患[EB/OL].(2016-04-11)[2022-09-22].https://www.bbtnews.com.cn/2016/0411/144802.shtml.